黄河國家治理文獻集成（民國卷）第一册
《黄河國家治理文獻集成》編委會　編
總第六十五册

上山東省公署履勘黄河三游工程情形暨整頓辦法報告

勞之常　著
董杰　編

綏遠河套治要

周晋熙　著
董杰　編

河套與治河之關係

張相文　著
董杰　編

内蒙古出版集團
内蒙古人民出版社

圖書在版編目（CIP）數據

上山東省公署履勘黄河三游工程情形暨整頓辦法報告 / 勞之常著 ; 董杰編. 綏遠河套治要 / 周晋熙著 ; 董杰編. 河套與治河之關係 / 張相文著 ; 董杰編. -- 呼和浩特 : 内蒙古人民出版社, 2025. 8. --（黄河國家治理文獻集成）. -- ISBN 978-7-204-18448-4

Ⅰ. TV882.1

中國國家版本館 CIP 數據核字第 2025ZE0702 號

上山東省公署履勘黄河三游工程情形暨整頓辦法報告

勞之常　著

綏遠河套治要　　**河套與治河之關係**

周晋熙　著　　張相文　著

編　　者　董　杰

策劃編輯　王　瑶

責任編輯　趙雅君

裝幀設計　劉那日蘇　吉　雅　安立新

責任監印　包鐵柱

出版發行　内蒙古出版集團　内蒙古人民出版社

地　　址　呼和浩特市新城區中山東路 8 號波士名人國際 B 座 5 層

網　　址　http: //www.impph.cn

印　　刷　内蒙古愛信達教育印務有限責任公司

開　　本　880mm × 1230mm　1/16

印　　張　10.75

字　　數　120 千

版　　次　2025 年 8 月第 1 版

印　　次　2025 年 8 月第 1 次印刷

印　　數　1—1000 册

書　　號　ISBN 978-7-204-18448-4

定　　價　90.00 元

編纂委員會

主　　任　陳利保

副 主 任　周承英　吴義學　王　瑶

成　　員　賈大明　何可欣　董立群　羅　婧　王曉俊　董麗娟
白　玲　特日格勒　徐　飛　李月琪　王麗燕　李　琳

主　　編　董　杰

副 主 編　張曉東　曹　玲

委　　員（按姓氏筆畫排序）
王　丹　王智慧　王鑫義　白胡日查　朱紫陽　李　萌
李新蕊　姚亞菲　陳　思　曹佳興　梁芹洋　張文文
張　岩　張博原　張　祺　張曉英　喬恩懋　賀　莎
楊　怡　楊建國　楊　承　霍燕平　魏雪剛

引言

千古河流成沃野，幾年沙勢自風湍。

得益于黃河冲積所帶來的疏松土質和有機物，中華先民利用石製工具開始了農業生産，并逐步發展出旱地粟作農業，『能够最大程度保障食物供給的穩定性，奠定了中華文明起源和形成的堅實基礎』〔一〕。而利用河水灌溉，提高區域可預測農業産量，『在産業史上起着最有决定性的作用』〔二〕。隨後，技術進步、經濟發展、人口增加，讓先民的文化生活大爲豐富。嚴文明先生評價道：『這是一場影響深遠的革命。』〔三〕在這場革命中，平衡水、沙、産、人四者之間的關係，始終是黃河治理的核心問題。四者關係一旦失衡，就容易引發諸多灾患。

歷史上，黃河下游因人口稠密、經濟發達，一直是學術界關注的重點。但自河源至今内蒙古托克托縣河口鎮的黃河上、中游區域，雖遠離王畿，人口稀疏，却也一直備受關注，人們逐步認識到黃河全流域治理是國家的重要任務。《漢書》載：『堤防之作，近起戰國，雍防百川，各以自利。』〔四〕没有全流域的協同治理，僅靠各地分段築堤，則黃河河患無法解决。秦建立了中國歷史上第一個中央集權大一統王朝，秦始皇東巡碣石，刻石銘記『决通川防，夷去險阻』〔五〕，開啓中央政府調動各要素治黄之先河，這『在中國，實質上是國家的一種職能』〔六〕。同時，國家通過對黄河的有效治理，爲沿黄流域人民群衆乃至其他地區人民群衆提供了重要的公共物品和産業支撑，成爲人民群衆眼中中央政府的功過評價指標之一。因此，治黄在增强沿黄各族群國家、政治、文化認同的基礎上，强化了中國大一統國家的合法性，成爲歷代國家治理能力的一個重要測度。

一、黄河治理維護了國家的社會穩定

從秦并六國到漢朝建立大一統國家，中國統一的多民族國家形成并得到初步發展。當時中央政府對所轄疆域有『北邊郡』和『内郡』之稱。内蒙古額濟納旗出土的居延漢簡有載，『狠（墾）田以鐵器爲本北邊郡毋鐵官印器内郡令郡以時博賣予細民毋令豪富吏民得多取販賣細民』，可以看出北邊郡是與内郡相對應的行政管轄區域。《史記》卷二十八『封禪書第六』載：『上乃遂去，並（并）海上，北至碣石，巡自遼西，歷北邊至九原。』〔七〕。《史記》卷三十『平準書第八』載：『天子北至朔方，東到太山，巡海上，並（并）北邊以歸。』〔八〕司馬遷多次提及北邊，足見統治者對北邊治理的重視。

漢武帝時，齊人延年提出從今内蒙古引黄河水經今北京一帶，向東注入渤海，以衛北部邊疆。『是時方事匈奴，興功利，言便宜者甚衆。齊人延年上書言：「河出昆侖，經中國，注勃海，是其地勢西北高而東南下也。可案圖書，觀地形，令水工準高下，開大河上領，出之胡中，東注之海。如此，關東長無水災（灾），北邊不憂匈奴，可以省隄（堤）防備塞，士卒轉輸，胡寇侵盜（盗），覆軍殺將，暴骨原野之患。天下常備匈奴而不憂百越者，以其水絶壤斷也。此功壹（一）成，萬世大利。」』[九]《史記》卷二十四『樂書第二』載：『天馬來兮從西極，經萬里兮歸有德。承靈威兮降外國，涉流沙兮四夷服。』[十]如今，包頭地區出土了『四夷盡服』瓦當，出土文物與傳世文獻的呼應，成爲黄河治理維護祖國北部邊疆穩定的見證。

《史記》卷三十『平準書第八』載：『嚴助、朱買臣等招來東甌，事兩越，江淮之閒（間）蕭然煩費矣。唐蒙、司馬相如開路西南夷，鑿山通道千餘里，以廣巴蜀，巴蜀之民罷焉。彭吳（吴）賈滅朝鮮，置滄海之郡，則燕齊之閒（間）靡然發動。及王恢設謀馬邑，匈奴絶和親，侵擾北邊，兵連而不解，天下苦其勞，而干戈日滋。』[十一]清代《汾陽縣志》卷十三『藝文』收録曹學閔《開修黄蘆嶺車路紀德政碑記》，上載：『永寧州，界連西陲，北達邊外歸綏諸路，商賈遠貿粟麥，泛皮船隨黄流南下，聚于州西磧口，一府之民仰利賴焉。而東至太原，南抵平陽，州縣凡二十餘，亦視汾爲橐鑰，蓋所繫非特一方生計矣。』[十二]民國時期，東北淪陷後，開發西北刻不容緩，而『黄河中游之水利，自應加以擴充及整理，藉（借）收桑榆之效，以挽狂瀾於（于）萬一』[十三]。

因黄河流域自然條件優越，歷朝歷代都十分重視對此地的開發，通過强有力的國家干預方式推動各類産業的發展，爲中國北部疆域的形成和社會穩定奠定了基礎。

二、民族交往、物資交流、技術轉移促成黄河治理共同體

《史記》卷十五『六國年表第三』載：秦始皇三十三年（前214），『築長城河上，蒙恬將三十萬』[十四]。這數十萬人中，擁有一技之長的人員不在少數。由此，邊地人口不斷增多，而豐富的物産則促進了商品交流與統一市場的形成。西漢《鹽鐵論・力耕第二》記録了『异物内流』的情形：『是以赢（騾）驢馲駞（駝），銜尾入塞，驒騱騵馬，盡爲我畜，鼲鼦狐貉，采旃文罽，充於（于）内府，而璧玉珊瑚瑠（琉）璃，咸爲國之寶。』[十五]此後，黄河北岸的『赢（騾）驢馲駞（駝）』『驒騱騵馬』『鼲鼦狐貉』『采旃文罽』與西南織錦、中原麻織、農作物等物資相互交流，逐步形成統一的國内大市場，加强了邊疆與其他地區的經濟聯繫，促進了邊疆特色産業的發展。

隨着民族交往交流交融的增强，清代以降，黄河流域内蒙古段輸入到内地的也不僅僅是『异寶』了。《綏遠通志稿・水路》載：『自乾隆以還。口外墾殖日廣。民殷物阜。出境之油、糧、鹽、鹼（碱）、甘草各貨。入境之日用雜貨。山西與歸綏往來之商運。凡經河路者皆以托屬河口爲唯一之碼頭。』[十六]從清乾隆年間到民國時期，由内蒙古經黄河運到山西的貨物有糧、油、鹽、碱、藥材、皮毛等，其中以糧油爲最大宗。糧食品種主要有糜黍、穀子、高粱、豆類及玉米、大小麥

等，油料主要是胡麻。内蒙古供貨支綫有從阿拉善盟阿拉善左旗吉蘭泰鹽池到山西呂梁市磧口鎮的運鹽駝路，五原縣、臨河區一帶各大幹渠的運糧水道，杭錦旗、達拉特旗的甘草馱運綫，鄂托克旗的運碱駝路。内蒙古段各條支綫以供貨爲主，山西段若干支綫以運銷爲主。

《臨縣志》載：『清朝乾隆至民國年間，陝、甘、綏、蒙等地的物資，通過此航綫運達磧口，再用牲口馱運到離石、吴城，轉運至東路（汾、平、介、孝等縣）。據民國20年（1931）統計，每年從綏遠磴口航至磧口的貨船不下4000餘艘』，『是陝、甘、綏、寧與晋西北物資集散之重鎮』。[十七]可見，内蒙古在甘肅、寧夏與陝西、山西等沿黄上下游物資交易中起到了重要的聯結作用；同時也吸引了山西、陝北、河北、山東、甘肅等地的農民遷移至此，并將開渠打壩、引水澆地等農業生産技術、手工技術和商業貿易經營方式帶到這裏。他們在此扎根，除了從事農業生産外，還挖甘草、下窑背炭、在黄河上拉船、在沙漠中拉駱駝、打短工放冬羊、開碾磨油坊，等等。不同地域、不同民族的人們合力修築河渠、引水興業，逐漸形成休戚與共的共同體。其間積纍的産品交易、商業管理、社會治理等方面的經驗，在今天依然有借鑒意義。

清代『首重治河，探河源以窮水患』[十八]，但更深層次的考量是『宣揚大一統及增强國家認同』[十九]。黄河流域人口基數大、分布廣，而全流域治理理念將不同地區、不同民族的人們凝聚成命運共同體，而『大一統』理念正是這一治理實踐的核心主題。

三、黄河流域拓展了中國的發展空間

早期統治者因巡幸及邊防建設所需，統籌管理沿黄河運與秦直道等沿黄馬道，維持着中央政府對北邊的有效治理。河套平原引黄渠道的建設爲秦漢王朝屯田事業提供了基本的水利保證，并將這些區域變成防禦北部邊患的大後方與根據地。于是，沿黄馬道、沿黄河運與萬里茶道、草原絲路等陸路運輸聯通起來，促進了中華文明與其他文明的交流互鑒，拓展了新的發展空間。

新中國成立之後，沿黄各族兒女在中國共産黨的領導下團結合作、艱苦奮鬥，實現了大河安瀾。黄河流域建立起行之有效的防洪抗汛機制，支撑着沿岸的産業發展，改善了周邊生態環境。當代治黄史證明，正是由于中國共産黨的正確領導以及集中力量辦大事的制度優勢，纔從根本上減輕了河患的威脅。進入新時代，黄河流域在築牢安瀾根基的同時，以蓬勃活力拓展着中國的發展空間。沿黄九省區在協同發展中不斷釋放潛力，讓黄河流域成爲國家區域協調發展戰略中不可或缺的重要一極，爲中國的發展源源不斷地注入新動能。

綜上所述，黄河流域的治理不是單純的河道治理、生態環境治理或社會治理，而是一種關涉水、沙、産、人四者關係的系統性、協同性治理，是推動國家可持續發展的動力，也是厘清國家治理與邊疆治理兩者動態交互實際效果的絶佳視角。而黄河工程等『中國本土理論資源、學術積纍』〔二十〕，有助于研究國家治理的演進歷程。進入新時代，黄河治理與國家治理的關係研究不斷開闢新視角、持續涌現新成果，其中鑄牢中華民族共同體意識、邊疆治理與黄河流域生態保護和高質量發展成爲非常重要的研究視角。因此，基于這一角度搜集整理黄河國家治理文獻，意義重大。《黄河國家治理文獻集成》，應運而生。

本叢書系統梳理了黄河治理的歷史脉絡與經驗，既爲新時代黄河流域生態保護和高質量發展提供了歷史鏡鑒，更以文獻爲載體，傳承了治理智慧、凝聚了民族力量，是服務國家發展戰略、鑄牢中華民族共同體意識的重要學術實踐。

《黄河國家治理文獻集成》編委會

二〇二五年一月

〔一〕韓建業：《中華文明的起源和形成》，載《中華民族共同體研究》2022年第4期，第80－91+172頁。

〔二〕中共中央馬克思恩格斯列寧斯大林著作編譯局：《馬克思恩格斯選集》第二卷，人民出版社，2014年，第240頁。

〔三〕嚴文明：《黄河流域文明的發祥與發展》，載《華夏考古》1997年第1期，第49－54+113頁。

〔四〕（漢）班固：《漢書》卷二十九「溝洫志第九」，中華書局，1964年，第1692頁。

〔五〕（漢）司馬遷：《史記》卷六「秦始皇本紀第六」，中華書局，1963年，第252頁。

〔六〕冀朝鼎：《中國歷史上的基本經濟區與水利事業的發展》，朱詩鰲譯，中國社會科學出版社，1981年，第7頁。

〔七〕（漢）司馬遷：《史記》卷二十八「封禪書第六」，中華書局，1963年，第1398-1399頁。

〔八〕（漢）司馬遷：《史記》卷三十「平準書第八」，中華書局，1963年，第1441頁。

〔九〕（漢）班固：《漢書》卷二十九「溝洫志第九」，中華書局，1964年，第1686頁。

〔十〕（漢）司馬遷：《史記》卷二十四「樂書第二」，中華書局，1963年，第1178頁。

〔十一〕（漢）司馬遷：《史記》卷三十「平準書第八」，中華書局，1963年，第1420-1421頁。

〔十二〕（清）方家駒修，（清）王文員纂：《汾陽縣志》卷十三「藝文」，清光緒十年刻本，第57-58頁。

〔十三〕王華棠、劉錫彤、吴樹德：《黄河中游調查報告》，華北水利委員會編印，1934年，第1頁。

〔十四〕（漢）司馬遷：《史記》卷十五「六國年表第三」，中華書局，1963年，第758頁。

〔十五〕王利器：《鹽鐵論校注》，中華書局，1992年，第28頁。

〔十六〕綏遠通志館：《綏遠通志稿》第十册，内蒙古人民出版社，2007年，第176頁。

〔十七〕臨縣志編纂委員會：《臨縣志》，海潮出版社，1994年，第273、321頁。

〔十八〕趙爾巽等：《清史稿》卷一二六「河渠一」，中華書局，1977年，第3715頁。

〔十九〕劉恵：《乾隆朝重構黄河河源的實踐與國家認同》，載《清華大學學報》（哲學社會科學版）2018年2期，第147-154+195頁。

〔二十〕許耀桐：《當代中國「治理」概念的演進探析》，載《國家現代化建設研究》2023年3期，第100-111頁。

出版前言

黄河，中華民族的母親河，她不僅孕育了中華文明，更見證了中華民族數千年的發展歷程。習近平總書記深刻指出：『從某種意義上講，中華民族治理黄河的歷史也是一部治國史。』這一重要論述，爲新時代黄河文化的保護傳承以及流域治理提供了根本遵循，也深刻揭示了黄河治理在國家發展和民族復興進程中的核心地位。在學習貫徹習近平新時代中國特色社會主義思想，積極響應國家黄河流域生態保護和高質量發展重大戰略，大力推進北疆文化建設的背景下，《黄河國家治理文獻集成》的編纂出版，具有重要的歷史意義、學術價值與現實指導意義。

黄河治理，自古以來就是國家的頭等大事。從遠古時期大禹治水，到當代運用科學技術進行系統治理，中華民族在數千年的時間裏，積纍了豐富的治河經驗，留下了浩如烟海的文獻遺産。《黄河國家治理文獻集成》收録了元代至民國時期古籍、朱批奏摺、期刊圖片等多模態文獻資源。這些文獻内容豐富、維度多元，既包含記載河工技術、治理方略等的專書，又有漢文朱批奏摺、工程檔案以及不同區域的調查研究報告等。民國時期的文獻則標志着現代水利科學開始融入黄河治理，展現了我國水利事業在時代變革中的創新與發展。近代照片的收録則以更加直觀的方式將黄河治理、黄河沿岸的風貌呈現給讀者。

該文獻的出版，不僅是對瀕危黄河文化遺産的及時搶救與保護，更是對我國水利史、國家治理史、邊疆治理研究學術鏈條的重要補充，具有較高的文獻價值和學術意義。尤爲重要的是，這一集成工作，深度契合鑄牢中華民族共同體意識這一全黨全國各族人民的共同任務。各民族在治理黄河的歷史進程中，緊密協作、共同探索，這些珍貴文獻便是各民族交往交流交融和中華文明認同的生動見證。對這些文獻進行整理出版，能够讓各族人民更加深刻地認識到，在歷史長河中，各民族共同爲黄河治理貢獻了力量，共同守護了家園，從而進一步增强對中華民族共同體的認同感與歸屬感，夯實鑄牢中華民族共同體意識的歷史根基。

《黄河國家治理文獻集成》以『國家治理』爲核心綫索，構建起一個全面、系統、多維的文獻體系：在時間跨度上，聚焦從元代至民國這一傳統治河向現代水利轉型的歷史時期，爲深入研究我國水利事業的發展脉絡提供了清晰的時間坐標；在内容分類上，細緻劃分爲技術專著、工程檔案、區域研究、朱批奏摺、科學報告、圖片等類別，涵蓋黄河治理的各個方面，從不同角度展現了我國在黄河治理上的探索與實踐；在版本選擇上，秉持嚴謹、科學的態度，確保文獻内容的準確性與代表性，爲學術研究奠定堅實基礎。

在編纂過程中，叢書特別注重『全流域治理』的理念，不僅收録了有關下游防洪治河的重要文獻，還涵蓋了中游地區水土保持以及上游地區灌溉開發等方面的珍貴記載。這種對黃河全流域治理的全方位關注，與當前『共同抓好大保護，協同推進大治理』的要求高度契合，充分體現了叢書在傳承歷史文化遺産的同時，緊密服務于當代國家發展戰略的時代價值。

在出版過程中，嚴格保持原書的版式與行款，最大程度地還原文獻原貌。對于部分出現黴變、殘缺的頁面，運用先進的數字化修復技術進行精心處理，在保留原始批注與印章痕迹的基礎上，兼顧了文物的真實性與文獻的可讀性。

此外，爲了更好地服務讀者，方便學術研究，本叢書新增了目録、提要等内容，這些新增部分由編委會精心撰寫。新增目録一般編製二級，個別圖書編製三級；原書有目録而内文無對應標題的，根據原書目録照録；原書目録爲關鍵詞或者其他情况的不編製目録；原書目録與内文不一致的，以原書内文爲準；原書無目録的，按卷端、版心或其他部分輯録；一册書中收録多種圖書的，以書名爲一級標題，編製二或三級。在文字使用上，統一使用現代漢語規範繁體字，對于原版文獻中的异體字、避諱字也使用現代規範繁體字，無對應規範繁體字的保留原字。

《黃河國家治理文獻集成》的出版，是對黃河文化遺産的一次系統性、搶救性保護，具有重大而深遠的現實意義：從學術價值層面來看，叢書成功構建起一座連接傳統與現代治黃文獻的橋梁，爲黃河流域生態保護、水利工程史、國家治理史、邊疆治理、中華民族共同體學等多個領域的學術研究提供了豐富、翔實的基礎文獻，有力推動了相關學科的發展與創新；從文化價值角度而言，生動展現了北疆文化與黄河文化在歷史長河中的交融共生，爲内蒙古『北疆文化』品牌建設提供了堅實的文獻支撑，進一步豐富了中華文化的内涵與外延；從實踐價值方面考量，書中所藴含的治河理念爲我們在新時代背景下實現人與自然和諧共生、推動黄河流域可持續發展提供了寶貴的歷史經驗與智慧啓示。

在此，我們要衷心感謝各藏書機構的大力支持，正是他們提供了珍貴底本資源，纔使得本叢書的編纂出版成爲可能。同時，我們也要向文化遺産智能應用服務中華民族共同體建設『英才興蒙』團隊致以崇高的敬意，他們歷經五年的辛勤耕耘，以嚴謹的治學態度和專業的學術素養，對文獻進行了系統的整理和輯録，爲叢書的内容質量提供了堅實保障。此外，我們還要特别感謝内蒙古自治區黨委宣傳部、内蒙古出版集團將本叢書納入『北疆文庫』重點項目，并在出版過程中給予全方位支持與幫助。

我們衷心期待，這套凝聚着無數心血與智慧的《黄河國家治理文獻集成》，能够在新時代的『黄河大合唱』中奏響歷史的强音，爲黄河流域生態保護和高質量發展注入强大的歷史動力，讓黄河文化在保護中傳承，在傳承中創新，在創新中不斷發展，綻放出更加絢爛的光彩。同時，希望這套叢書能够成爲促進各民族文化交流、鑄牢中華民族共同體意識的重要載體，助力各民族更加緊密地團結在一起，共同爲實現中華民族偉大復興的中國夢而努力奮鬥，讓中華民族共同體意識在黄河文化的滋養下，扎根于每一位中華兒女的心中，成爲推動中華民族不斷前進的强大精神力量。

提　要

上山東省公署履勘黄河三游工程情形暨整頓辦法報告

《上山東省公署履勘黄河三游工程情形暨整頓辦法報告》是民國時期的一份地方志文獻，勞之常著，發表于 1917 年。勞之常（1873—1948），字遜五，陽信縣人。

該報告詳細記録了黄河三游工程的實施情況以及相關的整頓辦法。這些内容主要涉及黄河三游工程勘察範圍、存在問題及其解决措施。講述山東段黄河三游的河道淤積、堤防現狀、水利設施等方面的損毁情况，指出堤防薄弱、泥沙淤積等隱患，提出了疏浚河道、加固提防等短期應急措施以及植樹固沙、流域協同治理等長期規劃。

本次出版采用 1917 年鉛印本。

綏遠河套治要

《綏遠河套治要》由周晋熙所撰。周晋熙（1887—？），字頌堯。他爲回應當時綏遠地區的移民墾殖熱潮，系統總結了清末至民國初期河套地區的水利開發、土地墾殖與社會治理經驗。該書在河套水利工程方面，講述八大幹渠（如永濟渠、剛目渠等）的沿革與灌溉體系，分析其淤塞原因，并對河套地區的地形地貌、經濟發展、行政建制、社會治安、風俗文化等作了詳細叙述。

本次出版采用1924年鉛印本。

河套與治河之關係

《河套與治河之關係》，張相文著。張相文（1867—1933），字蔚西，江蘇泗陽人。

該書是張相文基于對河套地區的實地考察，結合水利實踐與歷史經驗，探討河套在黄河治理中的戰略意義。本書闡釋了河套的地理特殊性，黄河治理對于保護河套地區以及黄河下游地區的生態環境和農業生産的重要性，同時針對灌溉、分洪等提出具体策略建議。該書首次系統分析了河套地理與黄河地理的關聯。

本次出版采用1928年『中國地學會地學叢書』鉛印本。

目録

上山東省公署履勘黃河三游工程情形暨整頓辦法報告

敬略者昔靳文襄公有言曰治河之道當省小以圖大毋保一方而誤全局當忍暫而謀久毋顧一時而貽害他年此數語實爲治河要義蓋東省之治河者如本斯旨而行至於今日何至敗壞如此黃河源遠流長橫貫數省治理有方則巨艑往來萬商雲集其利甚溥治理不善則民遭昏墊或數年一遷或一年數遷生命財產均付洪流顛沛流離爲害滋大議者每謂治河貴加高隄身挖深河底別開支流以減水勢良亦不爲無見惟大治數逾千萬一時籌此巨欵談何易易當李文忠公查黃河時國家財力雖屬不充而補苴較易爲力條陳大治尚不果行時至今日民窮財盡更形困難且附近黃河之地均係沙質冲刷極易尤非徒加隄身所

能濟事黃水流沙淤刷無定此挖彼淤尤非徒挖河底所能程功勢必加以補助方法然後黃河乃可言治但工程浩大用欵繁鉅時局若斯何能倡此大舉惟有就原有之經費稍爲加增擇其切要易行者於治標之中乘寓治本之意數年後治標能有成效治本庶亦有根基之常猥以菲材濫竽路界雖於土木工程之學稍窺門徑然鐵路工程事宜豈能與黃河相比擬乃謬蒙鈞座特識委以治河重任既力辭未獲所請又因桑梓義務所關不得不竭盡綿薄以期仰報

知遇視事之初首遵

鈞諭以剔除積弊力謀統一爲治理之要圖其大綱辦法厥有數端化除界限以收整齊劃一之效調融經濟以籌移緩就急之方

培修隄堰疏通水道以維持現狀預提欵項購儲材料以免誤工需他如改良稭埽以杜架空變更石方以求核實改建壩基以減水力多栽樹株以護隄身此數月以來業已次第舉辦者惟接事之日已屆桃汛之期購料興工前者毫未布置節經嚴加督催猶恐赶辦不及矧下游險工林立尤宜籌種種救急方法以期於事有濟當即親赴上中下三游周歷履勘逐段詳察茲謹將所查現狀並應行興革情形爲
鈞座分條陳之

一河道形勢　北岸自直隸濮陽縣之高隄口南岸自東明縣之朱口起即入東境南北兩岸各長七百餘里共計將近一千五百里向分三游管理自朱口至十里堡計長一百八十五里爲

上游自挂劍台至濟陽惠民交界之桑家渡計長三百三十七里爲中游自桑家渡至尾閭計長二百二十三里爲下游上游河面最寬中游次之下游又次之上游兩隄相去自一二十里至六七十里不等隄寬三四丈高十餘尺除土牛堆料外尚有餘地可資工作兩岸地多平坦因河面較寬故易於防守水道暢流鮮阻河底尚不甚高此上游之形勢也中游兩岸相去三四里至七八里不等南岸上段多山故無隄埝是以兩岸祇以兩營護防北岸則用五營看守其地附近省垣距石廠尚近因之石壩較多工程較固且兩堤足以束水水溜可以攻沙河底亦不過高此中游之形勢也下游兩隄相距二三里至七八里不等河道本狹又無支流以殺水勢下注又猛故上中兩游之

水盡入下游容水既多工程又極卑薄且鮮山基以致新險迭出河底所淤亦最高此下游之形勢也以上所言不過略舉各游之大概至於一切底蘊尚須俟詳細測勘後再行繪具圖說另案呈請

鑒核

二河流性質　查黃河水勢浩大冲刷本無定向頻年建築隄埝因欵項不足多係維持現狀隨灣就曲以救一時危險日積月累灣曲益多水流益不通暢勢必南冲北撞且黃水性質伏汛祇撼隄岸秋汛轉刷隄根冲撞日多而河形愈壞黃水本多流沙水流愈遲沙沈愈多草測水溜上游中游每一小時約行十一里餘下游每一小時約行七里半有遲漫之由約係河底較

高之故坡度每一里約低一尺水勢之緩坡度之微於此可見每至伏秋大雨時行黃水暴漲水流既不能暢行無阻隄埝又單薄失修被其猛力冲刷搶救無及勢必潰決決口愈多正河淤處亦愈高是以入海之道鐵門關遂淤塞不通復改道鹽窩此河流之大概情形也

三工程狀況　上游兩岸官隄之內復有民埝然河面寬闊河有容水之量水無壅阻之虞但以埝係民修公家酌加津貼比歲以來民力彫敝公家又財政拮据以致工多失修埝身卑薄埽壩朽壞抵力太弱稍被冲刷潰決堪虞況本游需石尚須採之中游水勢既淺逆水上運殊覺困難統計石壩三十四座磚壩二十五座石埽四十八座土壩一十三座稭埽七十三座磚埽

八座石護沿三十八座磚護沿十五座極險十二段次險十二段其零星搜刷之處勢難細數爲補救目前計預估各項需特別費約五萬餘元民埝尚不在內中游地勢既高兩岸多山南岸猶夥除由長淸宋家橋起至齊東田家莊止一百三十七里外餘無隄埝之可言北岸計長三百三十七里雖較他游稍長然採石較近向來經費亦較他處爲多附近省垣長官既易注意主其事者亦盡心承辦張勤果公幷建德周公先後撫東時創辦石壩甚多工程較爲穩固本游河面雖較上游爲狹而較下游尙寬兩岸既可束水水流亦鮮壅阻統計本游石壩五百零七座石埽二百七十一座柳壩六十三座土壩二十七座灰壩五座秸壩九座秸埽一百七十二座柳埽六十一座石護沿

二百三十座稭護沿一座柳護沿二十座極險七十六段次險二十段估計特別費需一萬餘元下游兩岸相比河高而地低河面既狹隄埝又單經費艱鉅採石最難水之來源既廣容量又狹譬如灌池池盈卽溢每年搶險萬般困難險工尚恐不保平工更不暇辦失修年久埽壩非被搜空卽塌陷不可言狀現時埽面出水無幾若至伏秋暴漲險何可言本游計石壩三百三十六座磚壩二十六座柳壩十二座灰壩一座土壩二十七座稭埽五百八十八座柳埽九座又石護沿一百四十七段稭護沿五十二段柳護沿十七段土護沿六段險工最多估計特別費需數約逾二十五萬餘元綜觀全河以下游爲最險上游次之中游又次之所有工程向係分期進行凌汛則掛淩牌防

護埽壩桃汛前則廂修埽壩伏汛前則大修隄工伏汛一屆則加員防守至霜清為止早年淩汛亦極危險近來少減若來源雪少桃汛尚屬平安伏秋兩汛最為危險夫款絀如彼工險如此近數年來除直隸濮陽大工外其他尚無潰決之處實係託天之福然幸福詎可長邀淡災須俟人力今春亢旱異常伏秋必多大雨似宜早為之計以免臨時措手不及前此之請特別款項者正為此也黃河工事向來修補則歸營勇新工則由承修之員募夫繕治春令為做工之期時屆夏至即防汛之責霜清以後則險期已過短差人員均予解職九十月天氣最好易施工作之時期竟爾虛度實為可惜向章各營本於冬季培築土牛以為豫備然奉行之力與不力則在督飭之嚴厲與否此

工程之大概情形也

四管理情形　東省黄河向分三游治理各置局長不相統屬隄埝則以防營守護埽壩則以兵勇修補培隄則責之承修監修防汛則責之承防分防伏秋大汛以四個月冬防以三個月爲期每期一更習以爲常購料則另行委員承辦購辦之先後視欵發之遲早各項短差以候補人員爲多承修委甲防汛委乙每差一委每委不過數月但期敷衍於臨時并不負責於異日此平時辦理之大概情形也

以上所述河道及河流并工程管理各情狀皆係之常任事後處處稽考節節勘察事皆徵實語非撫空東省河務既已因循敗壞於前自宜懲毖補救於後惟茲事體大斷非一二端所能盡謹通

盤籌畫察厥所宜撮其尤爲切要者條列於左

一宜注重測量以資考核水道而冀減輕水患也查歐西各國凡有河海工程無不以測量爲入手辦法即近如中國導淮濬運均須先行測量然後乃能據以施功水源入河之量積河道距離之遠近槽口之寬狹水勢之淺深隄身之高低壩埽之位置水道之遷移與夫水溜之速率河流之坡度何一非由測量而得若測量精詳布置咸宜水道納入正軌水患自然減少東省黃河因向不講習測量自銅瓦廂改道之初即已大誤初因決口漫溢愈遠則水勢愈殺順水修隄以致上游寬中游窄下游更窄加以民埝偪河祇圖堵一時之近患不復計百年之遠圖以故數十年來所費工款何止數千萬民受水災何止數百次

除李文忠公查河時僅有武備學生所繪之草圖外迄今無一細圖可考詎非闕憾茲擬按河道形勢由局遴用精於測繪之員自上游以至下游逐段詳勘製成東省河道精密全圖存局備查以作施工儲料之張本庶不至冥行闇索枝枝節節而爲之以致水道阻塞而河患永無消除之日也

一宜興小輪並備泥船以資疏通而助宣洩也查黃河流域本極長闊水勢亦極浩大倘能運用咸宜未始不可變害爲利祇因淤淺太多又兼黃水太濁水流無定以致小輪久不能興殊爲憾事之常 自接事以來除督催工程籌畫防務外並注意於興輪之策故赴各游查勘工程時特借用津浦鐵路小輪以資試探過有淤淺均尚能勉強繞行查黃河春間水勢甚小伏秋甚

大河身既淺應用平底小輪吃水不得過三英尺者爲合宜水濁太甚又須多備淸水之柜沿河無橋船體長寬均無碍惟不可太高以防風浪現值經濟困難又兼節節淺阻故泥船不宜過大底亦須平查普通挖泥船大約大者以輪拖帶小者以人力牽引水深之河宜於輪拖水淺之河宜於人引黃河面積極寬春令水又極淺沿河淤灘既無定點亦無定數固不利於輪拖尤不便於人引是以普通泥船不甚適用應置特別自動泥船以其船身自帶有泥管不費搬移之繁沿河梭行遇淺停輪卽挖挖通再進日無間斷久之輪無阻滯之虞水有暢行之勢水由地中沙隨水去卽可收不順而順不挖而挖之效矣又近來盜賊橫行强搶勒贖時有所聞沿河居民受害甚劇迨靑紗

憚起即極小之民船亦不敢暢行若與小輪先辦水上警察以安良善次搭客貨以利行商又可兼拖河料以助工程誠一舉而數善備焉今查沿河商務尚未發達小輪初興應歸官辦以設警爲正本兼搭客貨稍得進欵藉資補助俟將來商務振興再招商推廣航業又查黃河尾口之鐵門關原爲商務繁盛之區前者商貨進口多由於此帆船出入不知凡幾近數年尾口淤塞不惟大船阻止進行即小船亦難出入是以該處巨埠即歸無形消滅所有商務均遷移羊角溝而出口之水因之亦無定向忽南忽北民受巨害言之慘然查河工局前曾購有泥船一艘因非自動不能遠行現尚停在新城機器廠內以之疏通沿河淺灘如上所述固不合宜若少加修理專以就近開濬尾

口亦尙可用抑尤有進者黃河淤泥如同肥料前者每一被水之地卽有數年之壯力皆因落淤之故津滬各處近多用挖泥大機挖河內之淤泥納入數里長之鐵管灌墊窪下之田地每畝墊費亦不過一元內外若將來能興此挖淤灌田之法既可疏濬河道又可肥沃民田官不需欵民得實利行之日久河低而地高又何患水之不暢洩而輸之不通行也哉

一宜於沿河兩岸多栽樹株俾成森林以護隄埝而資取材也查沿河官隄民埝面積甚廣因地種樹其利宏多統計兩岸大隄共長一千五百里若每行每棵以五尺距離計算各隄可添栽六七行每行可栽五十四萬株官隄則由河工局督飭勇夫廣爲栽養民埝則由地方官勸導人民多爲種植擇其易活而成

樹較速者盡力迅辦十年之後蔚成森林葉茂遮隄可分溜兩下注之力根深固埝可減洪濤搜刷之患卽河工一切料物亦可無外求不給之虞況東西有本河之道南北有津浦之路四通八達運輸便利膠濟路小清河南運河亦皆便於輸運之補助森林成後所出之料斷不止僅供河工所用出售之木優者以備建築房屋次者以供支架礦井於河於民兩有裨益又栽樹時期不應過早亦不宜太遲當春芽發動之際規定每年依植樹定期每營五汛每汛日栽二百棵以二十日爲度在此定期内每汛可種四千棵卽每營種有兩萬棵沿河十八營每年可得樹三十六萬棵派員監查妥爲保護十年以後可供取用又採伐時宜留本二尺既免損隄基并易發小樹每年選售一

成即三十六萬株每株以一元計可得價欵三十六萬元於治河經費不無小補此尙非十分難辦之事詳定章程明定賞罰以活樹之多寡定防營之考成如主其事者進行無間其成效必蔚然可觀本年接事已晚栽種難符定數惟有待諸來年一俟章程擬就再行呈請

鑒核以便永久遵行再黃河以北有紅白條桑種於沙地最宜每年秋間砍伐一次葉則飼蠶皮則製紙條則製筐且其根繁多能蔓延至數丈以外以之護隄尤爲相宜

一宜改良埽壩以減水力而免冲刷也查埽壩之作用無非使水改向藉此保存一方面之隄埝原建之壩多不合法往往有益於本游貽害於別游有益于此岸貽害于彼岸各游營汎各自

爲謀此添一埽彼增一壩無統一機關爲之通盤籌畫以致水流緊急時此撞彼擊成一不可思議之溜向河身亦隨之變遷無定嗣後各游營汎如須添築埽壩須經熟悉水利測量人員審愼較量須順水不得逆水有益於此無害於彼方能建築不得任意增添免損隄埝此應改良者一又查舊築各種埽壩及護沿等其斜坡甚小往往有直立者故其根脚稍被冲刷即有塌陷之慮宜飭各營汎嗣後遇築各種新埽壩及護沿等如頂高至一丈以內者其坡面至少須一與五之比例一丈以外二丈以內者須一與一二之比例此應改良者二舊築埽壩護沿所用之石料形式甚小所砌極薄其築法又與造磚牆同層層高趨並無膠粘之物使之固結以之抵敵浩大水力安能有濟

嗣後遇有新工程須改用大石以二人能抬者爲率不取方正使其犬牙交錯互相結合方爲合宜此應改良者三護根之石料應比埽壩之石料爲大今查各游護根石料反比埽壩所用之石料爲小其輕重已覺倒置況散堆脚下無結合之能力一遇大水能被冲動本强根弱安能保其長久嗣後新工其根脚石料必須選擇最大者按法壘砌既免被人偷竊又可堅固根基此應改良者四黄河兩岸概係沙質舊有工程多無透排底椿一經被水搜根卽不免有坍塌之患是以底椿不可省宜於兩岸險要工程根脚之下先行補栽高大活椰卽作排樁設法護之使其長成以固根脚此應改良者五

一宜設法廢稭埽而加多石壩以固隄埝而垂久遠也查稭料之

作用聯以椿繩堆以泥土取其易于築成巨大體積而便于合龍然秖能作爲臨時防險之用不能視爲歷久不敗之需緣秸料本屬茅質經水浸日晒一二年後卽變爲無膠結性之灰土所以下游工程較爲吃緊者皆因稭料埽壩太多之故嗣後如石料處辦石得手各游需添築埽壩時不宜希圖省費再用稭料應設法改築石壩以垂久遠再沿河除栽大樹之外並可多種綿柳綿柳成材用以編作夾簍其式長形長約三尺高二尺寬尺半底闊而口窄裝入土石使其易於收納難於傾出預塡廢柳臨用時再裝以土石其重量以一百五六十斤爲度俾二人持之易於抛擲如遇險工用代稭料其益較大蓋稭料體輕不能自行下沈必須作爲極大巨體俗名甂子修造方正置人

於上使之壓沈所用人數恒逾數百惟稍一偏側則氈隨水流人隨流去實堪惻憫且出險時稭料未必齊備作氈又需時日迨料齊氈成決口大矣夾簍則不然既能耐久復易存儲擇其險要之處酌存若干險工一出立刻即能取用重量既大下沈自易堵塞迅速冲刷自緩若處水大簍輕可用鉄線牽合連結百千更何慮其不沈法既簡單亦無性命危險隆冬之際河勇本屬清閑令製夾簍於次年伏秋用以防險所費無多不妨試辦

一宜改良埽料以免架空而資整頓也河工積弊甚深亟當從嚴整頓以前石料之堆法其高三尺如蓋屋然四周砌墻其上蓋頂外實內虛每方多則六七成少則四五成損失公欵胡可勝

言現經規定石垛祗准高以一尺爲率使之不易架空稽料垛法上排之梢頭緊貼於下排之根頭按排直鋪使之頂上起脊兩旁斜坡便於傾瀉雨水藉免霉壞如未堆至所規定之高度不准橫鋪以杜架井中空之弊有違此者予以懲戒如此辦法則弊藪可期漸絕物料皆歸實用矣

一宜廢除購料例價招商投標以昭覈實而便考查也河工採辦物料尙沿前清例定價值開報以求符合成案上以僞求下以僞應既非十足之價而料之偷減遂至漫無限制嗣後採辦料物擬用各官廳局所現時通行辦法招商投標以求核實每屆購辦時卽先期揭示通告或登報載明需用何種物料數目若干在何地方交貨一律招商承辦定期當衆開標取內中價值

合宜者准其承買至收料時詳實收存自無虛浮之弊至於購料報册亦一律按照眞正價値覈實開報不得再沿例價任意欺朦倘經手人敢從中舞弊一經查確定照侵蝕公欵律從重究辦

一宜訂立奬勵章程以資觀感而收實效也從來用人之道端賴賞罰嚴明河工責任重大薪水復極微薄然從前任河工差務者每以年滿保舉爲希望歷保數次官級洊升尙足以激勵羣材又施工辦料不實不盡無可諱言當事者自便私圖不無侵潤現承積弊之後刷新改組事從切實入手若無激勸之方以隨其後則勤勞者不足以淬厲精神頑惰者亦無以感奮自勉是應訂立奬勵章程另行呈請

核定奉行由之常隨時察看每屆年終考其成績分別勤惰據實呈請給奬以昭激勸其不得力者則予以懲戒分別減薪開差庶幾才能競奮而事務畢舉矣

一宜預支用欵早購物料俾資節便而免貽誤也查河工用欵向例按月支領而年度所關又不能先事通融春工物料本宜於冬季預儲若遲至春夏物料既貴人工亦昂一遇陰雨運輸更難種種牽延必多貽誤查河工所用物料大半係粗重之件冬間運道便利凡遇年節又多需用現欵有餘之物羣思出售以度年關其價値當然稍賤購備物料正在斯時若不預爲籌備一交春暖農忙人無需欵之急即不免有抬價之弊今春之困難萬狀者皆前此無籌備之明證也應請准於每年冬季預支

半年購料之欵於冬間購料春夏做工則伏秋兩汛自無缺料之虞並有簡便之利矣

一宜將河防營制略加修正以期因時制宜也查河防營名爲防營其實即工程隊春間一切修補及建築埽壩並冬間預築土牛除特別工程外概爲防營任之是以充河兵者多歷數十年之久資格最深情形最熟營汎長官半多河兵出身惟近年來經費拮据裁之又裁每營官弁兵夫多者亦僅九十三員名每營設營長一員汎長四員汎弁五員僱員六員一等兵二十五名二等兵四十名汎夫八九名除爲官服役遞送公文看守官柳防護電線外其實在做工之河兵不及半數每營所管汎段短者六七十里長者八九十里段落綿長埽壩甚多以區區三

數十名之河兵任此重大工事求其不敷衍塞責其可得乎又將來尙擬擴充森林樹木年年增多守護勢須加入工程又須認眞修築每營現有人數實屬不敷分布現應縮減官之範圍擴充兵之額數每營分爲四汛營長仍兼管一汛其餘三汛以原有汛長任之每汛河兵二十五人計每隊四汛共一百人所添兵額除由裁官節省項下開支外全年計尙不敷四萬餘元擬將豫算稍爲增加庶幾工有起色欵不虛糜再河兵除修補工程而外兼有保護河局治安及押解工欵與看管河料之重責名爲防營其實均不諳施放槍彈魯省河段綿長土匪充斥在在可慮嗣後該河兵等工作暇時應由各營汛長官勤加教練演習槍操以期有備無患至兵餉每名每月多者五元六角

少者四元六角未免太微日食不敷縱整頓亦徒託空談現既察悉其情自應改訂餉章酌加餉額蓋此舉係有形之增加公帑支出爲數有限不加則難免弊竇叢生以兩作一無形損失曷可縷數此修正河防營制實爲目前當務之急也

一宜改短差爲長差置段長段員以專責成而資治理也河工本屬專門之學非素有知識富於經驗不能探本窮源得其奧竅東省黃河自改道以來所用治河之人多係候補人員固不能謂其對於河工均毫無見地然官場積習恒不免以調劑視之無可諱言每年供差久者亦不過三閱月此汛委甲彼汛委乙既無治河之特長尤少練習之時期責以程功安得而理爲今之計應將承修承防採辦各項短差一律取銷騰出款項改設

段長段員擇有河工學識或素有經驗者充之定爲長差俾專責成每段約七八十里設段長一員以段員副之段長居於段（於平工段內）之中心以便指揮監督各營長汛長多係河工熟手可擇其優者（可）兼充段長段員（以節經費）遇事出巡當日即可往返既免鞭長不及之患亦無在外寄宿之繁惟河工人員向來薪水本薄此次改組重在實事求是所以員司均應酌加薪額使其足以養廉庶不至別滋流弊矣

一宜定工程爲長年興修不可間斷俾免廢時而多損耗也查東省黄河向來春則做工夏則防汛霜降以後則具報安瀾行所無事依其習慣何時應作何工均有一定之成見若過其時雖有款項而工險亦不之作積習相沿牢不可破以故伏秋一過

除僱由各營培築土牛外其各項短差人員均已解職回省來年則又另起爐竈重費經營曠時誤工損耗何可勝計今既議廢短差爲長差矣所有工程自應定爲長年興修各按時宜分別支配春夏則修工防汛秋冬則測量河道遇有險工隨時操作一氣嗬接四時無間如防汛時或慮人不敷用並可就近延本地公正紳士協同防護既諳悉黃河情形又有鄉士利害之密切關係必不致於漠視防汛期內由局酌送夫馬費稍資津貼所費無多而收效實亦不少也

山東三游河工總辦勞之常

周頌堯著

綏遠河套治要

黄郛題

著　者

與水爭地

徐[illegible]題

綏遠河套治要

成都顏堯周晉熙著

緒論

綏遠五原縣河套地方。俗稱後套。幅員遼闊。延袤千里。田畝縱橫。溝洫交錯。出產豐富。鑛苗繁多。誠爲西北重要之區。一般有志西北者。莫不注意焉。年來或親歷考查。或著言提倡。卽歐美人士。亦時相往還。明爲遊歷實則居心叵測。是河套之關重。固大有人在矣。考此地原屬蒙藩。清末隸於晉。設撫民之官。民國元年。設縣曰五原駐包頭遙制。劃歸綏遠特別區。四年築城於隆興長村之北五里地方。進行未久。庶政待興。不意連年匪患頻仍。元氣因之大傷。遂致田園荒蕪。人民流離。商賈失業。十室九空。不但綏區受無窮之影響。卽國家亦同受其害。是故河套一日不興。綏區一日難期發展。此誠有國者所當注意者也。今將關於河套疆域。沿革。山川。[illegible]。古蹟。要隘。建置。設治。墾殖。水利。商務。農業。鑛質。牧畜。出產。林業。交通。文化。蒙旗。教堂。吏治。軍事。以及會匪狀況。風俗情形。撮其概要。分章編述。都爲一卷。度亦有志西北者所樂覩也。

第一章　疆域

五原縣河套地方。居綏遠西境。東接包頭南近陝邊西通甘甯北控庫蒙東西延袤千里。南北寬廣三百里。實佔綏區面積之半。居於西二盟鄂爾多斯伊克昭盟杭錦旗達拉特旗之北部。所有烏蘭察布盟烏拉特部之東公旗中公旗（又名東大公旗）西公旗均環繞於東北。禹貢屬雍州之地。所謂朔方是也。世界滄桑迭經變遷。忽夷忽夏疆域紛更。當前清時歸山西歸綏道薩拉齊廳之管轄。及至末葉。綏遠將軍貽穀。振興墾政。於光緒二十九年遂有五原廳之設。以杭錦。達拉兩旗烏拉特三公旗地及右翼後旗地與左翼後旗之西境隸焉。民國元年改廳爲縣。駐於薩拉齊縣包頭鎮內遙制。四年始將縣署移駐五原縣隆興長北五里。建城治理。八年析縣屬之烏拉特東公旗地。別隸固陽設治局。（固陽設治局今已改縣）十二年又將縣屬東西公旗三湖河一帶。劃歸包頭設治局管轄。

五原河套地方。現在之疆域。東至包頭設治局東公旗之七分子東北至固陽縣莫林河紅花塔拉小佘太東南至包頭設治局西公旗之西山嘴南至東勝縣北界暨杭錦旗鄂托克旗北界。西南濱臨黃河。西至甘肅平羅縣毘鄰額魯特旗阿拉善王之地界。西北至狠山與賀蘭山接脈之處。北至烏拉山迤北外蒙土謝圖汗部落。按以方里計

綏遠區域全圖
圖例
比例尺
二百五十萬分之一縮尺

之。合三萬方里。每里以五頃四十畝計算。共合華畝一千六百二十萬畝之多。此河套疆域之大略也。

第二章　沿革

邊郡之設。始於漢。漢以上。無從考也。故河套莫詳於漢。亦莫確於漢。自漢迄今。有四運之分。戰國秦漢間。初運也。北魏時。二運也。隋唐季。三運也。有清一代。經貽穀經營漸次墾闢。而功未竟。然亦可謂四運也。民國肇造。如能興治。亦一轉運之機。考河套本新秦中地。漢初入匈奴。武帝元朔二年收其地。置朔方郡。徙民十萬以實之。朔方之北。依秦九原郡改置五原郡。盧芳之亂。竊據邊郡。光武中興。始置幷州以領之。靈帝末羌胡大擾。五原郡流徙分散。建安十八年省幷州入冀州。二十年始集塞下荒地。郡置一縣。領其民。合為新興郡。僑治太原界。迨至西晉。為前後趙前後秦地。及赫連夏地。石勒幷朔方兼置朔州。義熙九年。赫連勃勃於朔方北築城都焉。河套五原郡。漢末沒於匈奴。苻秦得其地。亦為五原郡。後為赫連夏所據。及至北魏。依山黃河南遷。故道名曰烏加河。河套之名。自此始。屬朔州之太安附化二郡。大河以南。為東夏州之朔方郡。要以榆林之故。豐州當之。隋開皇五年。始置豐州大業初改爲五原郡此五原在隋所以有豐州之名也。至唐爲加河北。爲中西受降城爲加河南爲豐州九原郡大河南杭旗地爲宥州寗朔郡考唐以鹽州所改之五原在今之陝西界內去古五原千有餘里未能與隋之五原混而爲一既移五原之名於鹽州故將豐州復秦九原之名曰九原郡此唐之五原所以不與隋之五原同地也漢之五原在北河之北隋五原唐九原在北河之南此又治所[illegible][illegible]也　唐末分入五代遼夏。爲加河北爲遼之雲內州爲加河南爲季夏所有。宋金時北境爲豐州南境仍爲季夏所有。元併夏金。以其地併爲夏州河套內地初屬中興等路。後廢屬寧夏路明屬蒙古。仍爲寧夏路淸乾隆以後。爲山西薩拉齊廳光緒以後。改爲山西五原廳民國以還。改廳爲縣。屬於綏遠特別區

第三章　山川

疆域有變更山川無改移。塞北之山。以陰山爲鼻祖。一曰大靑山又曰大斤山秦山其實卽陰山也。接長白山興安嶺之餘脈。橫亘綏區武川歸綏薩拉齊縣包頭設治局屬內後口子爲中斷。落點之處、又分脈爲二。一循五原北境。以達甘肅賀蘭山循河東徂障蔽大漠。以趨遼海古稱爲北幹者也。在五原境內。名曰烏拉山一循五原東南至西

山嘴爲止。名曰磨爾根嶺又曰烏拉前山其實均名曰陰山也。河套以陰山爲幹川以黃河爲經。陰山之在五原河套境內隨地異名西北狼山最大。俗稱兩狼山。又名狼居胥山東西延長四百二十里。東南烏拉山亦大。由包頭設治局屬崑都崙口起點。東西有二百七十餘里。狼山卽古之陽山烏拉前山卽古之牛頭朝那又曰壓爾根嶺又曰阿爾布坦山在崑都崙河發源爲居延山當包頭設治局五原固陽縣三界之間。水經注。黃河自臨河縣。東經陽山南漢書注曰。陽山在河北。卽今五原之西境狼山也。又牛頭牟唐景隆中張仁愿。在山北置烽堠一千八百所。自是突厥不敢度山以爭。卽今之烏拉前山西山嘴是也。（烏拉前山又名曰斷頭山）

黃河源出星宿海。西巴顏喀喇山之東麓。自入歸德堡邊。始名黃河由歸德堡邊。凡三大折流四百里。經積石關入河州界。東北由蘭州經甘肅平羅縣出邊。循鄂托克旗以達五原之角渠（五角渠卽今之烏加河也）岐分兩派。一派南流爲黃河之新道所謂南河是也。一派卽烏加河爲黃河之舊道。宛如〈　弓形。所謂北河是也。自南河以南長城以北。俗名曰大套自南河以北。北河以南。俗名曰後套卽古之河套也。河流西自磴口入套東自西山嘴出套。流繞五原境者六百餘里。凡納二水。曰余太河曰烏爾圖河余太河源出敖西喜山西流會蘇爾哲河注於河。其地在烏拉特三公旗北八十里。有舍特河卽余太河也。至烏爾圖河源出雪山西南流注於河。其地在烏拉特三公旗北一百里。按河套之山川爲西北最優之點。今詳爲述之。藉供有志西北者之參考也。

第四章　古蹟

河套古之名區也。自漢以來。古蹟甚多。當明之世。淪於蒙古。或燬滅無存。或譯音變更。乏韻士之歌詠。無太史之紀錄。年遠代湮。是存而不存矣。今予以知者紀之。考者載之。不過拾遺而已。

長城　長城在世界上。與西伯利亞蘇尼士河比衡。爲三大巨工之一。在河套有南北之築。趙武靈王築長城自代並陰山下。秦始皇三十三年。北逐匈奴自楡中並河以東屬之陰山土色皆紫。故今有紫塞之稱。隋之長城名曰通漢。開皇元年四月發稽胡修築長城。五年使司農少卿崔仲方。發丁三萬抵朔方大業三年七月。發丁男百萬。築長城踰榆林至紫河四年七月。發丁六十萬。築長城自榆谷而東。陰山之長城遺跡無存。是長城爲歷代所建築。而秦政獨享其名也。

統萬城　卽赫連夏故都。義興九年赫連勃勃築於朔方水北。黑水之南。在河套南鄂爾多斯右翼界內。甯條梁之北。後改名橫都城。宋元嘉初。勃勃名其四門。東曰招魏。南曰朝宋。西曰服涼。北曰平朔。有清道光二十五年。榆林知府徐松檄懷遠縣知縣何丙勳。確查統萬城之故址。於是携南針隨步定向。從縣城之白水西渡。出邊墻又西渡磨菇河又西渡西水河又西渡無定河地勢邐而高。曼陀二里許。至舊相傳之白土城細加相度。在懷遠城正西九十七里。至於古黑水（黑水河在無定河東距懷遠縣城五十里有淖泥河東入無定河之下流）其地有土圍三重。俱用土築。渡無定河西行二里，進頭道城。又西半里進二道城。又數十武進三道城。頭二道城。內僅餘瓦礫。已無遺址之存。惟三道城內南面西隅鐘樓。東隅鼓樓。只存基址。堅築白土墩高六丈。無級可乘。鐘樓尙堪登眺。高約十二丈。白土築城。鷄籠頂式。大廈一間。半懸鐘。屋頂形跡宛然。周圍飛欄八層。揷椽孔穴。歷歷可數。尙有三四孔松椽半橛。係蒙古人猱升拔而薪之矣。南面列土墩七。堅硬如石。似係樓台之基。北頭有白土坡似係宮殿之基。北城東西兩角。亦有土墩。當卽俗所謂轉角樓者。內城東西不及一里。南北約一里。考其城在河套五原河南之西南。今已傾圮無人憑弔。據土人言及。每朔望昧爽時。空中輒現城闕之形。無定河斜絡城南。轉抱東城。而東北流懷遠以北。別無故城基址。此必統萬城無疑矣。

九原故城　在今之河套五原東界烏拉特三公旗北。與固陽縣界毘連。漢武帝元朔二年所築。

雞延城　卽居延之轉音。在九原城之左。

郎君城　在九原城之右。

五原故城　漢光武建五原郡徙其吏人置河東。與九原故城西北接對。確在陰山之北。今之五原東北。明統志謂在陝西神木則大誤矣。

臨沃故城　東漢所建。河水東過臨沃縣南。注石門（卽今之崑都崙溝）水自石門障東南。流經臨沃城以地理考之。在今之五原縣西南。以現在地理考之。當在烏拉前山分線處迤西。包頭設治局界內也。

宜梁故城　在河套烏加河之東北。與九原故城西界一山之隔。河水自西安陽東經田辟城南。又東經宜梁縣故城南闞駰在五原西南六里。又名曰石崖城

朔方故城　朔方城在今之五原縣東北。烏加河之南。謂之什賁漢時所建。

西安陽故城　距朔方城烏加河一河之隔。在今之五原縣東北。河水經朔方東北屈南。

成宜故城　在宜梁西安陽之間。濱近烏加河北岸。去五原西部塞八十里。

河目故城　在烏加河北岸。與今之五原縣對接。河水自陽山南。南屈經河目縣左。

稒陽故城　在五原郡東。今已劃入固陽縣境內。固陽縣命名亦取於此。以地理考之。在今之崑都崙溝北白彥溝迤北之間也。

臨河故城　即朔方故城今之五原縣烏加河西岸狼山南。與高闕塞相近。河水自高闕南。又東經臨河縣故城。西行五百里。分爲二歧。一爲南河其一分流至套外之阿爾布坦山南。迤西爲大泊。俗稱騰格里腦兒即古之屠申澤也屠申澤在烏加河上流。爲古之黃河故道。今已沙壓湮沒無跡。所謂北河是也。西漢有兩臨河之建。城則僅一也。

臨戎故城　在黃河南。今之五原西南。漢末時廢圮之。又曰賀葛眞城。嘔把湖在其右也。

渠搜故城　在朔方故城之東南。

廣牧故城　在烏拉前山黃河之南。今之五原縣東南東勝縣境內。

蘇武城　相傳漢武帝時。武出使被留居此城。牧羊受辱之處。其城在五原縣黃河東岸。歸綏有其一。不知孰是。然按子卿被留時。在霍去病斥逐匈奴之後。陰山一帶已無虜跡。何又被留。相傳如是。姑存疑問。

李陵碑　在五原縣西北境狼山麓下。

中受降城　在五原縣境。烏加河北岸陰山之南。張仁愿所築。城內有拂雲堆祠。今已遺跡無存。

西受降城　在中受降城西。距五原豐州故城西北八十里。有李華三城韓公廟碑。元和八年。黃河泛溢。南城均燬壞。今更無存。

新受降城　在西受降城東中受降城西。唐開元中。張說築。北有雕鶘泉。

雲內州故城　在五原縣北。

豐州故城　豐州故城有二。在五原者爲隋之豐州城。在五原縣河套內。

天德軍城　在中降城西北二百里。唐天寶中所建。

大同故城　在天德軍城西南三里。隋時所築。

廢宥州　在黃河之南。杭錦旗界內。

河陰故城　在烏拉前後山之間。漢時所置。

敬本故城　在中受降城北。壕塹深峻可以守。按以賈躭地理求之。想是九原郡城。趙武靈欲從九原直南襲秦。卽此地也。

范夫人城　在五原黃河北岸。漢將所築。應劭曰。范夫人漢將妻也。徵和三年。李廣利出五原塞匈奴要擊廣利於夫羊句山陿廣利擊破之。乘勝追匈奴。北至范夫人城

黑城　在五原縣之黃河北岸。

成吉思汗墓　在五原河套之南。鄂爾多斯境內。七旗立有鄂博設達爾哈特五百戶。承辦祭祀並派札薩克一員專司其事。因以成吉思汗於歲次丁亥七月十二日歿於

圖爾默格依城於是以輦奉柩至所。卜久安之地。因不能請出金身。遂造長陵。共仰庇護於彼處。立白屋八間。在阿勒坦山陰。哈岱山陽之大謌特克地方。建立陵寢。號爲索多博克達成吉思汗。自後元裔之襲汗號者。率即位於八白屋前。鄂爾多斯者。乃爲汗守禦八白屋之人。故以得名。至今每年夏歷七月。於鄂博行驟馬大會。西二盟王公羣趨之。如有會議事項。亦於是會議決行之。名曰乃金合洛會。殺牲賽神以祭之。有謂元太祖葬地在榆林邊外極西北。地名察罕額爾格。譯語察罕白也。額爾格帳房也。亦與八白屋義合。地學雜誌張相文著成吉思汗陵寢辨證。記載最詳。

伊克昭　伊克者。蒙語大也。昭。廟也。今譯昭爲召。訛也。在鄂爾多斯境內。因成吉思汗園寢得名。七旗亦奉之爲盟。言其大也。

板禪昭　在五原縣西境。永濟渠下游。

福音寺　在五原縣境東大佘太村西北。依山而建。

古獨個爾昭　在五原縣境西協成地南。

梅令廟　在五原縣西距縣城二十里。

大梅令廟　在五原縣西蔓會村教堂地烏加河東岸。
甲蹬壩昭　在東公中教堂地之北。
楊家河昭　在黃特勞亥河之東。王文祥牛犋之西。其北尚有一也。
德成渠昭　在吳祥地天德毓東西之間。
剛目昭　在忠義西之北。祥太魁之南。
狼山昭　在烏加河北岸。狼山東皮房之西。
常興堂昭　在曹四喜渠北。
義和渠昭　在田大人地東。一在把總地內。一在北牛犋之東北。
老郭河昭　在白家太營東。一在阜恆興之北。
塔布河昭　在姚家河頭之北。塔布河南岸。

第五章　要隘

河套居於綏遠之西。當中路之要衝。南扼陝晉北控庫蒙爲包頭西鄙之屏蔽。今將關於要隘地點。分晰列述。以備軍事之參攷。

河套　河套古名區也。居五原縣之全境。三面跨河。東北臨山。佔鄂爾多斯伊克昭盟之北。烏蘭察布盟之西南境。形勢雄坦。地理寬廣。誠爲西北要隘之重點。亦爲古今用兵扼要之區也。

榆溪塞　秦卻匈奴於河套樹榆爲塞。

榆林關　在鄂爾多斯之南。忽洛池之間。五原城東。

光祿塞　在五原縣陰山之北。北假之東。秦漢時號爲絕塞

鷄鹿塞　在五原縣西境。烏加河西岸。屠申澤卽騰格腦兒。後漢永元初。竇憲出鷄鹿塞卽是處也。

石門障　石門障在大青山陰山烏拉前後山斷峽分線處。烏拉前山卽牛頭朝那山一名曰雲迦關。現名崑都崙溝。又名光祿塞。原名石門子。卽今之後口子也。漢時築支就城頭曼城。虖河城。宿虜城。稒陽城（稒作固今固陽縣卽取義於此卽王莽之固陰）以爲障。秦孝公十一年。衛鞅圍魏。降之。漢亦至稒陽塞。卽是處也。當五原固陽包頭三交界之要衝。民國二年。蒙匪橫行河套。國軍據有此險以敗之。佔地勢優勝也。以西皆北假也。秦始皇三十三年。

使蒙恬渡河取高闕陽山北假中。築亭障以逐匈奴。漢元帝初元五年。罷北假田官。王莽傳。五原北假膏壤殖穀。遣兵屯田。卽北假是也。陽山在河北陰山之南。似在古之河目縣。然以漢書地理志考之。應在東部都尉治下。北假者。以地假於貧民使墾種也。

佘太河　發源處。爲敷西喜山。爲陰山南北之要衝。由石汗口海流兎口流入於套。

哈達門溝　俗稱謂之牧虎闕。在牛朝那山由大佘太台梁逕南官井梁以通前山之荷葉薩齊亦要隘也。相傳高旺曾過此關。施有黃風術。以致迄今台梁終年風沙不息。想係高熲用兵之地。年遠代湮。遂以訛傳訛也。

西山嘴　西山嘴當烏拉前山之點。卽北假之區也。南濱黃河。爲前山入套之咽喉。唐景隆中張仁愿築三受降城於牛頭牟那山北。置烽堠千八百所。自是突厥不敢度山放牧。減鎮兵數萬人。牛頭朝那山之名。則不免譌也。永淳初突厥入寇豐州。州將崔智辯與戰敗績。卽此處也。

大佘太　大佘太在五原縣東境。爲烏拉後山入套之要隘。當五原縣東境屏蔽。關係全套要隘。爲軍事上必爭之地。民國二年。蒙匪內犯。晉軍敗績。精華焚燬殆盡。至今元氣尚未復也。

莫倫河口　在大佘太西。山勢雄厚。與什拉葫蘆素山水大壩對峙。爲民國二年晉軍與蒙匪戰爭之區。

烏補勒口　在五原縣東北境。通外蒙賽音諾顏之要路。

烏吉蒙太口　在陰山東北。爲外蒙入境之要隘。

烏藍石太口　在五原縣東北通外蒙要口。

海流木心口　在陰山正北。通烏拉特後旗貝勒府。郎中公旗。一曰東大公旗之要道。

馬相口　在五原縣北境。通外蒙之要隘。

烏藍腦包　烏藍腦包爲五原縣北境重鎭。距縣城五十里。爲通事行與蒙人交易之所。民國二年蒙匪內犯後。晉軍團長趙守鈺築營以扼守。民國四年盧占魁又盤踞是地。其險要可知。

韓烏拉口　韓烏拉口。在狼山之東。外蒙庫倫來往之要道。

馬盖息便口　在狼山之東。正北越中公旗界。以達察汗泊迤北察汗鄂博

慶打口　在五原縣西北。通中公旗之要口。

馬池口　在狼山之北。通察汗泊

胡蘆斯兎口　在狼山之北。形勢險要。民國二年晉軍與蒙匪戰。遇伏敗績。卽是處也。

什蓋記口　在狼山口東。亦險要之區。

狼山口　在狼山正北。五原縣西北。山勢層巒疊嶂。爲用兵險要之地。

東禊蓋口　在狼山口之西。

烏盖口　在躂金烏加河正北。通木納山之要隘。

烏蓋柏爾口　在五原縣西北境。狼山口之西。通木納山以達格拉山之要隘。

門他口　在黃羊木頭之北。直達塔起勒克圖鄂博之要隘。

什凉口　在躂金之西北。北可抵哈珀察齊泉

大壩圖口　烏拉山之西點。經西喇木倫河以抵察汗和砍山。

高闕塞　在狼山口之西。蒙古游牧記卽所謂綽農陀羅海者也。其口正當黃河北流折東處。兩山對峙。有若門然。中間一路通新疆。較他路近二千餘里。古高闕或卽是歟。

按以游牧記考之。當在套西。按以形勢論之。應在石門障也。

大同川　大同川在中受降城西郎狼山灣也。所謂大同川指今之大同則誤矣。

水道要隘　河套北有陰山之險。南有黃河之恃。其黃河之要隘。則西起磴口東至蘇台廟又東至黃家灣又東至馬密兎又東至惠德成又東至同興堂又東至白二渡口又東卽出套以達包頭南海子矣。

第六章　建置

邊郡之設。莫古於漢。雖迭經變遷。而形勢依然。今將歷代建置。關於五原河套者詳列之。

（戰國）　河套屬趙。武靈王破原陽以爲騎邑秦幷天下。郤匈奴樹榆爲塞三十五年除道九原抵雲陽塹山堙谷以通之。

（漢）　河套本新秦中地。漢初入匈奴。武帝元朔二年。收其地。置朔方郡使校尉蘇建築朔方城。領縣十。在河套者七。在套西者三。曰朔方曰修都曰臨河曰呼遒曰窳渾曰渠搜曰沃埜曰廣牧曰臨戎又以九原郡改爲五原郡。設東部都尉治。擴充縣十六。曰。

九原曰固陵曰五原曰臨沃曰河陰曰蒲澤曰南興曰武都曰宜梁曰曼柏曰成宜曰稒陽曰莫䵣曰西安陽曰河目曰文國盧芳亂後。光武中興。始置幷州以領之。遂將五原郡之固陵蒲津南興稒陽莫䵣河目六縣。另隸他郡。朔方郡之修都臨河呼遒窳渾渠搜五縣。而以西河之大城縣隸之。靈帝末羌胡大擾。流徙分散。建安三年始集塞下荒地。郡置一縣。領其民合爲新興郡僑治太原

（晉）　晉幷治晉陽領郡九五原郡爲九郡之一。建武入朔方永和五年徙治五原永建四年。復故新興郡。魏武分太原地。置治九原縣。石勒幷朔方永嘉中劉衞辰據之。義興九年赫連勃勃在朔方水北黑水之南。築城曰統萬建都焉。

（北魏）　魏初都盛樂。後。沒於秦。道武興。以陘北爲畿內地。五原置朔州延和二年置爲鎭。後改爲懷朔孝昌中改爲朔州領郡五。爲太平大安二郡。其附化郡之附化息澤二縣南境隸東夏州之朔方郡。河套於是荒棄。

（隋）　隋仍爲五原郡。開皇五年。置豐州五原郡依然統縣三。曰九原曰永豐曰安化仁壽元年。置總管府。大業元年府廢。七年爲五原郡。義寧元年。太守張遜奏改歸順郡。

煬帝廢州。仍爲五原郡。

（唐）唐初仍沿州制。以豐州轄漢民。乃別置羈縻州。以轄蕃戶。九原郡設都督府省。安化屬縣二。曰九原。曰永豐。長安二十六年。還所遷胡戶置宥州。永徽初置燕然都護府。領狠山等羈縻府州共二十有七。德初又改爲單于大都護府。垂拱二年。罷鎭守使。開元二年復曰單于大都護府。十年置中東西三受降城。徙治安北大都護府於豐勝二州之境。天寶初改九原郡。安北單于二都護。並屬於朔方郡。

（宋）宋攻契丹。得豐州後沒於西夏。徙治府州地。名曰寧豐。

（遼）太祖神册元年。破唐置代北雲朔招討司。後改雲內州。隸西京道。領柔服寧人二縣。漸成井邑。乃以國族爲天德軍節度使。富民振武二縣。並屬豐州

（金）金取遼地。升豐州爲總管府。置天德尹。後並隸西京路。寧人入柔服。增設雲川縣。而西夏地如故。皇統九年。升爲天德總管府。置西北路招討司。以天德尹兼領之。

（元）元併夏金。仍爲雲內州。屬大同路。原初屬西夏中興等路。後廢屬寧夏路。

（明）明初置東勝衛。不久亦廢。入於蒙古鄂爾多斯暨烏拉特部。終明之世。皆不內

屬。

（清）清天聰八年。征服蒙古。乾隆六年設歸綏道薩拉齊廳以隸之。光緒二十九年。設五原廳駐包鎮遙制之。

（民國）民國元年。歸綏道改歸綏觀察使。五原廳改爲縣。三年改綏遠道以轄之。

第七章　設治

河套地方當明之時。爲蒙古所據。終世不屬内封。及至有清入關。定鼎以後。天聰八年。太宗征服察哈爾。土默特部衆悉降。河套蒙古各旗相繼來庭。遂增設協理通判分管之。乾隆四年。始有薩拉齊協理通判之設。遙制河套二十五年。改爲理事通判廳。二十七年改通判爲同知。光緒十年改爲撫民廳兼理事。廿九年山西巡撫吳廷斌奏以邊外地方民繁。非設官分治。無以爲綏邊弭患之謀。長治久安之計。加以各處蒙漢錯居。民教雜處。墾務議創。百廢待興。現既將界址勘有端緒。自非遴委熟悉邊情之員。先行署理。無以收人地相維之效云。遂析歸綏道屬薩拉齊廳治三百六十里之大佘太附益以達拉特旗杭錦旗烏拉特中西東三公旗地。置五原廳撫民同知理事銜。移山西汾州府同知一缺。駐於包頭鎮。以姚學鏡爲五原廳同知。其境界以包頭鎮西門外五里腦包爲起點。此爲河套設官之始。然在包遙制。人民仍復依然無所倚賴。嗣改議於隆興長皆未果。僑治包頭。不過稍有形勢而已。迨至三十年。又劃五原廳鄂爾多斯郡王旗地。添設東勝廳撫民通判。移山西汾州府磧口通判一缺。駐包治理。是包頭鎮。仍屬於薩拉齊廳。而於鎮內有兩廳公署之組織。權限混淆。民苦不便。旋又改章。有距新廳治遠舊廳治近者。則仍歸舊廳管轄。以從民便。而糾紛愈甚。又三十三年山西巡撫恩壽等會奏略云。竊照前准西盟墾務大臣貽穀。咨光緒三十一年三月初九日奏請將伊克昭盟郡札兩旗。改歸五原廳管理一摺。奉硃批著山西陝西巡撫會同妥議。具奏。欽此。當經會商酌辦。查郡王札薩克兩旗。地勢迤邐相連。在河套以南。伊克昭盟鄂爾多斯部內。左爲準噶爾旗。右爲烏審旗與陝之榆林府接壤。郡旗寄民約七八千家。札旗寄民約千餘家。兩旗放墾之地。均在南境至沉雞圖溝而上。溝以南自康熙雍正至光緒年間。迭次展界。地畝俗稱新舊牌子地。其南界悉接邊墻。從前墾務未興。該旗地私墾人民。遇有詞訟命盜案件。每以距何處爲近。卽赴何處呈訴。如兩旗迤南。則赴陝之神木府谷兩縣。迤北則赴晉之薩廳。近則草萊日闢。負來者絡繹於途。三公杭達等旗。既已設官分治。該兩旗事同一律。自未便任其無所歸宿。墾務大臣前奏所以請隸五原廳者。誠因時制宜之計。因五原幅員本廣。若益以此兩旗之地。終虞鞭長莫及。茲查郡王旗之坂素濠（後改置羊場濠）地方。背負黃河西鄰大门。爲兩旗適中平衍之區。擬於其處增設廳治。撫民理事通判一員。就墾界劃疆而理。新舊牌子迤南。一切命盜訟案。久向秦邊控訴者。仍歸陝省治理。迤北則統歸新廳管轄。此地在前明爲東勝城。卽名曰東勝廳。此五原劃治之所由來也。民國以還。元年命歸綏道爲觀察使。廳改爲縣。同知改爲知事。裁大佘太巡檢。以節經費。二年與山西劃分。設特別行政區。裁觀察使置民政廳管轄之。此爲劃疆分治之始。三年將軍改爲都統。增設綏遠道道尹。五原縣依仍其舊。四年築城於隆興長遷治焉。以烏拉特三公旗地及右翼後旗與左翼後旗之西境隸之。又綏遠道尹詳以據五原縣詳覆。遵查職縣東界薩縣。西界甘肅平羅縣。南界陝邊。北界大漠。袤延千餘里。縱橫六七百里。耳目難周。控制匪易。縣屬大佘太地方。爲南北之要衝。外蒙出入之門戶。又有躍金地。西接寧夏三百餘里。南連陝邊。北至狼山東至隆興長亦二百里。形勢扼要。非僅爲甘陝之大道。亦外蒙出入之要津。擬請各設縣佐一員。以資佐理等情。查該縣轄境遼闊。向係寄至包頭商民望治。庶政未興。重以前年蒙匪內犯。該縣適當其衝。地方精華蹂躪殆盡。盜賊充斥。比戶流亡。現雖飭移本治。然撫循亦有難周。縣佐之設。實較他縣爲尤亟。其大佘太及蹬金兩處。一居該縣東北。爲外蒙出入之要津。一居縣之西南。爲甘陝交通之大道。形勢均關重要。似均設有設置縣佐之必要。惟玆値國家財政困難。建設宜權輕重。蹬金距縣治較遠。控制較大佘太更難。擬僅於該處設置縣佐一缺。正在進行。都統潘榘楹去任。又復中輟。八年析縣屬之烏拉特東中兩公旗地。別屬固陽設治局。今已改縣十二年又析烏拉特三公旗前山西山嘴及後山七分子以東。屬包頭設治局。十三年七月綏遠都統馬福祥又復注意五原四境。各擬添設縣佐。委派綏遠實業廳廳長兼墾務總辦段永新。前往勘查。予得隨往服務。遂建議割長濟渠地以東爲大佘太設治局。豐濟渠地以西强油房地方置臨河設治局。即漢時臨河縣之故址以資治理。馬都統准如所請。並擬在西山嘴地方再添設縣佐一員。以補不足。一俟呈明政府。即可實行。惟經費以原有西盟墾務分局裁撤。

所有經費七千餘元。藉資挹注補助。其不足一萬餘元。亦不難籌措。此五原現在改治之情形也。

第八章　墾殖

我國西北之實業墾殖爲先。不待智者而知矣。而墾殖良好之區。莫過於綏遠之河套有明以世。蒙人封閉自錮。利棄於野。及至清代末葉。一般地商與蒙旗訂立草約。任意私墾。遂致械鬥之風。殘殺之案。不一而足。官蒙亦無可如何。地遂以闢。陝山人民。亦由此日漸儔集耕種。然仍春出秋歸。未能臻於繁盛。此河套墾殖發端之大略也。光緒朝山西巡撫胡聘之奏請開辦墾地。事未果行。庚子拳匪之變。岑春煊由甘帶兵赴京勤王。路經河套注意開墾之謀。兩宮西巡回鑾。奏請貽穀爲西盟墾務督辦大臣。於二十九年着手進行。此公家開墾之大略也。溯西盟開辦之初。原議從烏蘭察布盟之烏拉特中東西三公旗着手。嗣因聯盟抵拒。費盡唇舌。而伊克昭盟之達拉特杭錦旗方克先後遣派蒙員接洽商議。乃於二十八年八月籌辦設局事宜。至二十九年六月始行開辦。先由杭達兩旗修渠招墾人手。次第擴充。三十一年歸化墾務總局裁撤。遂改包局爲總局。名曰西盟墾務總局。委任姚學鏡爲總辦。河套敷設分局十餘處。以資辦理。當時貽穀大臣辦理墾政。對於蒙民恩威並施。規模大舉。不幸獲譴去官。以致功虧一簣。然爲西北開發利源之首創。其功固不可沒也。予於光緒三十年。先在河套辦理墾務六年。嗣後又在包頭辦墾三年。民國以還。服務綏遠墾務總局又五年。前後忽忽十餘載。感逝流光。恥名不立。惟於墾務情形。尚能知其梗概。今將關於河套一部分分晰言之。以備留心墾政者之參考焉。

達拉旗報墾之始末　達拉特旗報地。其別有二。一曰放墾地。卽四成補地是也。一曰永租地。卽現時包種征租之地是也。四成補地。報墾。因庚子賠教一案。欠欵甚鉅。該旗幾次籌償。尚欠尾數銀十七萬兩零。無力措交。擬以蒙地作抵。其時該教士欲得現銀。而不願留地。以致教案交涉。一時不能完結。遂由綏遠城將軍信恪。山西巡撫岑春煊。西盟墾務督辦貽穀。設法籌贖招集公司。共湊銀十二萬兩。贖回達旗賠教地畝。其不足之數。仍由山西籌措應用。以濟蒙旗之急。而遂教士之心。一再與達拉特旗交涉。始而居奇。往復確商。始將薩拉齊南瀕臨黃河之四成生熟地一段。允交二千頃。每畝地價以七錢核算。招戶承領。共抵銀十四萬兩。規定之後。除應折扣河渠昭廟牛犋柳林不堪耕種之地外。儘數勘丈實丈淨地一千二百三十五頃。其不足之地。將河套長勝渠內黃瑙樓上下買不色八拜水道燕安河等處渠地報墾。所謂四成補地此爲西墾入手之基。並將長勝渠改名爲長濟渠此卽水利進行之開端。着手之初。黃河漫漲。報墾之地。多被淹沒。招戶承領。稍有停滯。此項地畝荒價計分四等。曰上地。曰上次。曰中地。曰中次。共放上地八百零八頃五十六畝九分。每頃價銀一百兩。合庫平銀八萬八百五十六兩九錢。共放上次地三十八頃二十三畝。每頃價銀九十五兩。合庫平銀三千六百三十一兩八錢五分。共放中地四百零四頃七十五畝五分。每頃價銀九十兩。合庫平銀三萬六千四百二十七兩九錢五分。共放中次地一百六十八頃四十四畝六分。每頃地價銀八十五兩。合庫平銀一萬四千三百一十七兩九錢一分。綜計四等地共放一千四百二十頃。合庫平銀十三萬五千二百三十四兩六錢一分。常年歲租併四等爲三。計上地每畝應征銀二分二厘。中地每畝應征銀一分八厘。下地每畝應征銀一分四厘。每年共應征銀二千八百一十二兩四分九厘。其領戶多係官戶。不善經營。以致渠道淤廢。地畝荒棄。民國以還。匪患頻仍。牛犋遷徙一空。滿目荒涼。一時不能振興。十一年間經綏遠墾務總辦段永新。爲補救農業起見。遂將常年歲租。以有青苗之地交納。其荒廢者豁免。藉示體恤招徠之意。呈由綏遠都統轉咨財政部核准在案。而一般地戶。多已散失內地。一時不能歸集。將膏腴之地。任其荒廢。殊爲可惜。此河套四成補地墾殖今昔之情形也。永租者。由墾務局年年招種徵收租銀。其地租而不放。公家但爲蒙旗經理。地仍屬蒙而不爲我有者也。報墾之初。係由達拉特旗遣派台吉巴咱爾格爾第到綏商辦。光緒二十九年四月間。巴咱爾格爾第呈請先儘長勝改名長濟蹕金改名永濟兩處開渠墾放。其餘該旗各地段。聽候任便陸續開渠。渠水能到何處。地即放至何處之提議。貽穀大臣七月派員勘查。八月由達旗正式呈報。以永租地渠至何處。即將何處開墾。日後所得租銀。以七成歸公。三成歸旗。是爲達旗報墾永租地之始。然達旗之地。早爲地商私墾。如老郭改名通濟沙河義和豐濟剛目各渠地是也。蓋地隨渠爲轉移。無渠則地等同石田。是地爲達旗所有。而渠係地商所挖。故達旗雖將地畝報墾。而渠不得不由公家收回。方能着手。至三十年起。始將後套各渠勸導地商報效收回。而地商王同春在二十九年間。報出中和渠。由西南河岸起至東北杭達兩旗交界止。約長二十三里。又東北連接開渠約長二十三里。係與王在林韓鉞所開。王同春應有十分之五。嗣因無力。而又以陳四阻撓。是以不能再開。在達有地無渠。在杭有渠無地。倘開官渠。計當可省工三十餘里。固不無小補。若欲全行澆灌。非將剛目當火兩河。循舊商墾不克盡其地之所有。並將降興長房院一所。車二輛。馬六匹。牛四頭。情願一併報效。此地商報墾之始也。公家接收之後。租銀計分四等。上上地每頃收租銀四十兩。上次地每頃收租銀三十兩。中次地每頃收租銀廿五兩。下地每頃收租銀二十兩。所收租銀以二成爲渠工。其餘分爲十分。以蒙得其三。公得其七。此公蒙初次規定之條件也。自公家收回。積極整理。每年可丈青苗兩千頃以外。綜計光緒三十年起至三十四年止。共征租銀二十一萬三千一百六十一兩九錢九分。至宣統年有加無已。而達旗竟欲收回自辦。經墾岫督辦商定。每年收回租銀。公蒙各半。迨至民國以還。政局變更。遂致渠地全行廢弛。所有貽督辦慘淡經營之功。百萬元渠工之費。一日損失。前功盡棄。至今人士。莫不感嘆。及至元年公家無力興修渠道。改爲民戶包租。每年以兩千頃承墾。每頃以十五兩交租。共合庫平銀三萬兩。公家各得其半。渠歸租戶修挖。辦理數年。民力未逮。拖欠愈鉅。議者以散戶承包致有經營失宜之誚。九年間又有蔡成勳都統使第一師旅長楊以來假借灌田公社。統包八渠永租地畝之後。一意貪圖私利。不顧全局。截至十一年積欠租欵十萬餘元。渠道廢壞無遺。經五原紳董王同春張厚田楊文林楊嗣殷崔國仁魏三槐王喆馬驥等呈請整頓。夏經綏遠墾務總辦段永新。呈明馬督辦。與灌田公社楊以來一再交涉。始行收回。由五原地方人士組織匯源水利公司承包豐濟永濟剛目沙河義和五渠之地。其長濟塔布通濟三渠之地歸興農社承包。至各渠餘地由原地戶承租。並規定章程十七條。以資遵守。而河套水利經費已墾地。每頃應征銀一兩二錢。未墾地暨留崩地。每頃應征銀三兩三錢。每年可收經費洋五千餘。本年遂設水利總局。以資整理。擬於十四年分起實行。此永租地現在辦法之改定也。

杭錦旗報墾之始末　杭錦旗報地之初。該旗貝子阿爾賓巴雅爾。遣派梅令棍布到綏議商。當由貽穀大臣飭令指報。而該旗札薩克憤棍布之擅行指報。中途反悔。經貽穀大臣一再嚴責。以奏參。札薩克始終拒抗不允。及議定仍由梅令棍布自行指交。仿照達拉特旗辦法。渠至何處。卽開至何處。札薩克益憤。於是咨呈理藩部將梅令棍布革職。報墾事更形堅持。貽穀大臣乃以違抗朝旨。搖動大局。奏參革去該札薩克之伊克昭盟盟長之職。該札薩克怵威求全。始將杭蓋中東兩巴噶地段報墾。東北地界達拉特旗。西界王善舊渠。北南界黃河。仍言無論如何。總不能依照梅令棍布所報之地辦理。光緒三十年爲開辦之始。分爲四段。曰元亨利貞。共設四分局。屬於西盟總局。又續報兩巴噶之西界。王文祥耕種地之黃托勒蓋河東畔地一段。東界藍鎖河。西界黃托勒蓋河南界黃河北界達拉特旗地。內分渠地旱地兩種。所報兩次之地。共計東西長約二百七八十里。南北寬約七八十里。可放地四千餘頃。卽以四千頃計算。每頃以七十兩計之。共應征押荒銀二十八萬兩。嗣後改訂渠地爲五等。曰上地。曰上次。曰中。曰中次。曰下地。價與達旗同。惟下地每頃規定地價銀八十兩。嗣後續放之地。又改上地九十兩。上次八十五兩。中八十兩。中次七十五兩。下七十兩。旱地計分五等。上地每頃押荒銀五十兩。上次地四十兩。中地三十兩。中次地二十兩。下地十兩。綜計渠地共放地二千八百三十九頃五十畝二分。共應征銀二十五萬七千二百八十八兩九錢七分。旱地共放一千一百七十八頃五十三畝。共應征銀四萬七千九百八十三兩一錢三分。兩項總計地四千一十八頃三畝二分。共合庫平銀三十萬五千二百七十二兩一錢。常年歲租渠地併爲三等。計分上中下。與達旗同。旱地亦分三等。上地每畝應征銀一分六厘。中地每畝應征銀一分二厘。下地每畝應征銀一分。以上兩項渠旱地畝。每年應征銀二千七百四十兩八錢一厘。惟所用渠道淤廢。此項地畝因之大受影響。墾務總辦段永新於十一年間。與達旗地畝同案呈請。見青納租。民困稍蘇。然此項地畝丈放最寬。夾荒餘荒甚多。如將來渠道疏濬。地方發達。則清丈可增三千頃以上。而昭廟地當杭錦旗報墾時。本定每廟每面撥給二里半。嗣於光緒三十一年間。規定大廟每面丈給五里。中廟四里。小廟二里。丈時連廟中心計算。復行規定昭廟之地。由公家代租。每年每頃給昭廟銀五兩。公家收渠租六兩。嗣又墾請收回自行經理。至今仍屬私墾。每年公家每頃僅收水利經費銀一兩二錢。現已撥歸水利總局經費。至戶口地自報墾後。租地一頃給銀五兩。嗣以聯名懇請發還。以資養贍。擬定原戶口有地百頃者。准給十分之二。有五十頃者。准給十分之三。有二三十頃者准給十分之五。十頃內者。按以八成。札薩克呈請以有戶口地者。僅數十戶。倚賴牧廠爲生。懇請一律撥給。三十二年貽穀大臣派員往勘。將沿河一帶廢地給作牧廠。自姚家寨子起。西至黄托勒亥河止。計長二百十五里。寬六里至二里不等。自劃撥以後。即將原戶地收回。蓋原戶口地多係膏腴之區。而沿河之地。均斥鹵之地也。現在蒙人牧廠。多在沿河一帶。藉以謀生。此杭錦旗報墾始末之狀况也。

烏拉特西公旗報墾之始末　河套地方。自杭達兩旗報墾。其東首尚有西公旗膏腴之地。其初堅不報墾。公家一再交涉。光緒三十二年八月間。始指報烏加河迤南什拉葫蘆素地一段。東至舊有山水壩爲界。南至什拉葫蘆素南大渠爲界。西以達拉特旗爲界。北以山水壩爲界。嗣又添報紅們圖地一段。彼時山水壩多已廢圮。烏加河水又復漫溢。非修挖渠壩。難資招放。且距大佘太甚近。地屬膏腴。三十三年間委派會辦元愷辦理。予初隨同勘丈。繼又委派專修渠壩工程。所放之地。共計分爲四等。曰上上地。每頃押荒銀一百二十兩。曰上地。每頃一百一十兩。曰中地。每頃押荒銀一百兩。曰下地。每頃押荒銀九十兩。共放地一千七百餘頃。合征庫平銀一十七萬九千餘兩。購地之主。多係官僚。無農業之經驗。以至今日地畝荒廢殆盡。而積欠荒價尚在五萬餘兩。雖有丈青征收歲租體恤之明文。而地戶散漫他處。無從補救。按以歲租照以四成補地規定。現在公家雖擬將拖欠之戶撤回另放。而渠道一時未能疏濬。承領之戶。仍屬不甚踴躍。此西公旗報墾今昔之大略也。

第九章　水利

黃河之爲患於中國。盡人而知之矣。然在下流則爲患。在西北則有利。而且西北水利振興。則下流之患亦不難消除。此則世人所未知也。按黃河發源。在青海巴顏喀喇山脈間。星宿海爲起點。入甘肅西寧道境內。西寧即古之西羌又謂之湟中地。當青海入甘肅之孔道。正東經巴戎循化兩縣。順小積石山入蘭山導河經皋蘭縣北鎮遠橋曲折北流出長城過蘭州靖遠折而東流入寧夏道境內復入長城經中衛金積靈武寧朔。又東折而東北流至寧夏出邊墻。以達平羅。即入於河套所謂西套者也。計長一千三百里由賀蘭山阿拉善額魯特旗東麓北行。入綏遠五原縣之境。爲狼山所阻。向東

河套之黃河故道圖

（即烏加河圖每方十里）

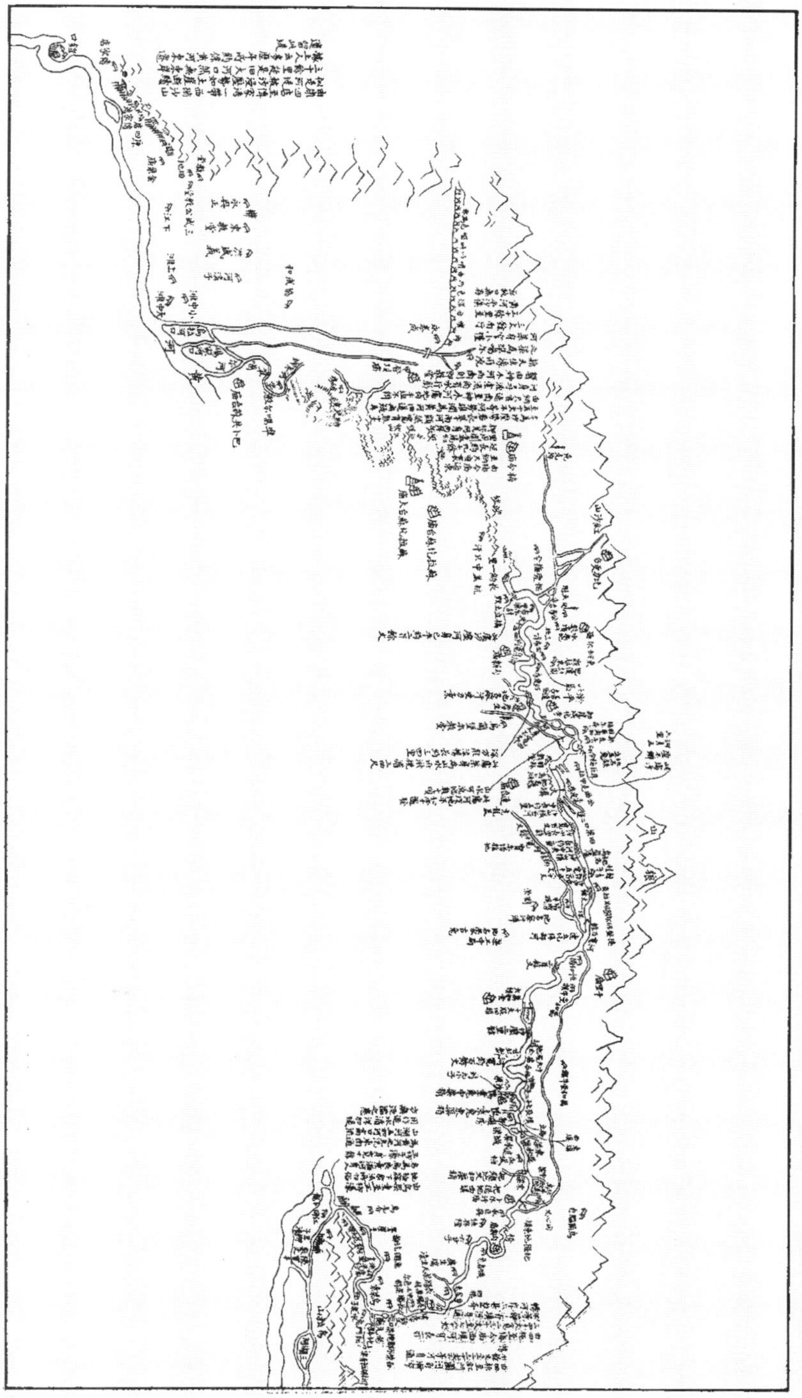

流行由西山嘴經托克托縣會黑河折而南流。經清水河縣西。曲折南下。入山西陝西境。環繞鄂爾多斯旗之三面。南限邊城。稱曰河套。所謂黃河百害。惟利一套。是也。其實河套一隅。專指五原縣境一部分。其他則謂之河西。非河套也。唐時。始興水利。貞元七年。開延化渠。引烏水入庫狄澤。溉田二百頃。爲水利提倡之始。永徽四年。置有陵陽渠。建中三年浚之。溉田置屯。尋棄之。有咸應永清二渠。貞元中。刺史李景略開溉田數百頃。嗣後歷代亦未注意於是。及至有清。始有地商私租蒙地。實行水利之經營。漸次發展。光緒末葉。由貽穀大臣。收回辦理。此水利歸入正軌之概略也。

河套之黃河故道。即今之烏加河。古之北河也。循狼山之南。跨烏達兩旗之間。迤西則隸杭錦。尋源溯委。緜亘七百餘里。河身現時。僅寬二百餘丈。至二三十丈不等。形如弓背的起點。在阿拉善額魯特旗之傅家灣。爲黃河之故口。而土崖斷續。新黃河不能流入。遂南遷。即今之黃河新流也。至準格爾教堂所挖。借用渠身。不過三丈。當年河道由準格爾以北。地均平坦。不辨河身。七十里至納只亥。再由納只亥迤東。沙山橫亘。勢若長峯。寬長不等。高下懸殊。一百二十里至沙濠堰。再東在杭錦旗西巴噶土人呼爲岡岡午作河。蒙人呼爲老不更河。言其爲舊大河也。再東名可淖仍爲沙山所壓。循北山根。河身分爲兩道。東行數里至義太魁又由義太魁至梅令廟。或沙山積壓。橫亘河中。或土隴淤塞。深谷爲陵。河岸又多爲山水沖刷。缺殘斷續。由梅令廟迤東。岸宇整齊。河水尙可澆灌。再東一百九十里至紅門圖河身均尙完整。由紅門圖百里至王柳濠地極窪下。衆流所歸。俗名曰烏梁素海。淤下不明河身者。約十七八里。河勢寬泛。漫無際涯。然水匯於烏梁海則不得出。黃河故道之利益在於能受上游諸渠之水。轉輸於下游諸渠。爲河套諸渠之總幹。若不將此黃河故道疏濬。使全套血脈流通。則水利決不能達圓滿之目的。因黃河故道地勢居高臨下。用水最易。若以現在新黃河而論。地勢居窪。使之北昂。必難灌溉。予於故道周歷測勘。經三月之久。始知關係之要。願我水利家注意修挖。勿稍忽之。河套之中。惟杭錦達拉特兩旗。兼跨黃河處處依渠爲命。自河南徙之後。地愈廣衍。山陝人民爭趨佃種。是以地爲私墾。渠亦私開。凡到河套種地者。甫經得地。先議開渠。支別派分。各私所有。往往一渠之成。時或需至數十年。欵或糜至十餘萬。父子相代。親友共營。而已成之渠。又必時有歲修。需款浩繁。所謂經營水利。良非易也。光緒十八年議者。擬於河套西之蹬金開屯設官事未果行。光緒二十九年始完全收歸官有。私渠亦全行報效。惟民國以還。大都廢弛。殊屬可惜。將來興復。非投資五百萬元。不能挽回。而期永久。十二年春。馬都統委派予赴天津與潘馨航屈文六兩君接洽。設立公司。經營水利。予建議二十二條。擬以招股三百萬。爲河套水利宏大之組織。雖承贊許。繼又中輟。殊可惜也。

河套有大幹渠八。曰永濟曰剛目曰豐濟曰沙河曰義和曰通濟曰長濟曰塔布。其塔布長濟永濟三渠開創之初。均係予所修。此次重游歷視。大都淤塞。以予六年風雨辛勞。一旦廢弛。不勝今昔之感。

一永濟渠　原名蹬金渠。係地商永盛興錦和永等。於道光五年借貸達旗之欵。未能歸償。以地作抵。遂開此渠。由黃河起點東北。至補隆淖爾長一百八十里。至烏加河止。又開東中西三渠。曁樂善堂渠三十里。其形如箏。歸公後予得專司其事。另闢新口。自沙蛟循西大渠口以抵北稍。計長二萬三百六十七丈二尺五寸。又開枝渠六。曰樂字渠。原名樂善堂。計長四千八百二十五丈三尺。曰藍字渠自樂字渠起至圖林蓋河止。

計長一百一十丈。曰永字渠原名西大渠計長三千三百四丈六尺。曰遠字渠原名中枝渠計長四千三百四十丈五尺。曰流字渠原名舊東渠計長八千八百五十六丈。曰長字渠原名新東渠計長六千二百八十九丈七尺。其永濟幹渠之病因公中廟渠腰太軟。每年時有淹沒之患。而渠無專身。下游亦不免淤塞。今有王同春欲將長字渠劈成正身。渠稍入剛目境內之烏加河需費洋五萬元。如能告成。則永濟渠可一勞永逸。爲八大幹渠之最優者。

五原城基地辦理之始末。　查五原設治。始於光緒三十二年。爲達拉特旗未經報墾之地。貽穀大臣飭給地價五千兩。迄未發給。久之始由墾欵項下借提銀一千四百兩交領。派員查勘。該地應行劃留放墾。分別等則。以及澆水情形。並墾放章程。然未經核定頒行。此項城基地於三十四年丈過八十餘頃。共征三成折色銀四百餘兩。七成本色麥子三百餘石。民國元年。交由地方官自行招放。因無人承領。暫照墾局租地章程辦理。又因不能借用義和渠水。租戶日漸減少。三年始由墾務代議招放。五年從復規定。可堪耕種者約五百頃。每頃以四十兩計之。可收荒價銀二萬兩之譜。房基地可售四十餘頃。每頃以四百兩勻算。約收荒價銀一萬六千餘兩。以上兩項共可收銀三萬六千餘兩。內除城牆四圍計長一千二百四十一丈八尺四寸。厚一丈六尺。牆內留路二丈。外城濠留沿寬二丈。共計二十丈三尺五寸。合地四頃三十七畝七厘。衙署地基長九十一丈三尺。寬六十六丈四尺。合地一頃一畝四厘。城內留南北路一道。寬四丈。長三百二十丈四尺五寸。合地二十一畝三分六厘。又東西路一道。寬四丈。長三百二十丈四尺五寸。合地廿一畝三分六厘。留高等小學校地基五十畝。初等小學校地基五十畝。留街巷地一頃。文廟地五十畝。武廟地五十畝。又街道由五原城南門隆興長橋頭止。長一千八十丈。寬二丈。計九十畝。其中曲巷臨時留九十畝。房基地分爲三等。上等每畝征收庫平銀六兩。中等每畝征收庫平銀四兩。下等征收庫平銀二兩。蠻地分爲三等。上等每畝征收庫平銀六兩。中等每畝征收庫平銀四兩。下等地每畝征收庫平銀二兩。子枝各渠民戶自行修挖。房基地不分等則。每畝升科銀二分。由五原城南門起至隆興長橋頭。修築馬路一道。長一千八百丈。寬五丈。此規定城基之大略也。祠以地勢高昂。無人承領。十二年又復減等。始行踴躍。現在未放之地。僅七號。王同春又挖新支渠一道。澆灌甚易。再能於城南多修枝渠。則城基不難普澆。附圖於左。

綜述上項河套之墾殖。係屬歸公者而言。現在達旗又將奇克穆地報墾約一千餘頃。尚未勘收丈放。其他私墾地。如大佘太台梁召廟戶口地。以及教堂地。爲數在二萬頃以上。沿烏拉後山三公旗之牧廠及私墾地。爲數亦在萬頃以上。如能逐漸施設。銳意進行。將來墾殖前途之發展。豈可限量哉。

一剛目河渠　一名剛毛。又曰剛卯。一曰剛門。咸豐年間。商人賀清開濬。股分衆多。支渠林立。渠身甚長。渠口有新舊。自黃河起點至於烏攝古琴出稍。直達達拉特旗之綮汗淖禿龍蓋等處。計新口長七百六十丈。爲王同春續開。舊口在黃芥濠長三千六百丈。兩口均流於正身。而舊口至新口交界處。長四千丈。由正身至永盛和長二千六百丈。由永盛和至張存梅渠。長一千七百丈。由張存梅渠至復隆長長二千一百丈。由復隆長渠至呂三渠長一千一百丈。由呂三渠至沙梁長一千丈。又由烏攝古琴渠至沙梁長二千三百丈。共計舊口至渠稍。計長一萬四千八百丈。查此渠之新口爲王同春集股開濬。坐落劉三地內至舊口之東。距黃河正身四里。由黃河之西。北流有套河一道。斜向東南之水倒入新口。名曰倒灌口。各地戶均用此口。計長七百六十丈。公家收回。爲予友賈秉臣經營修挖。由色蓋地起至色蓋天生濠止。開生工一段。又自天生濠起迤東至舊剛目河止。又開生工一段。其枝渠十有其二。曰永盛和渠。因永盛和張雙駒天吉泰祥泰魁四號。共修之枝渠。澆灌賈家蓋地老大他拉地察汗淖地三段。計長九千丈。內有子渠十六。張存梅渠計長二千八百四十丈。內有子渠六。高喜四渠計長五千四百丈。內有子渠三。可澆色蓋地七十餘頃。曰周大存娃渠。又曰霍錫齡渠。計長五千四百丈。內有子渠九。澆灌色蓋地。張樞林渠。計長四千七百丈。曰陳雙牛渠。計長三千二百丈。內有子渠二。澆灌色俊圖地。曰永厚成渠。又曰麻二渠。計長一千八百丈。內子渠八。澆灌紅頂甲格齊地。曰烏塊補隆渠。計長七百丈。曰同元成渠。計長一千九百丈。內子渠二。可澆地六十餘頃。曰李萬福渠。計長一千四百丈。內子渠二。可澆地六十餘頃。曰韓鉞渠。計長三千六百丈。澆灌哈木蘆庫倫賈家圪洞烏攝古琴之地。約百頃。曰呂三渠。計長三千四百七十丈。約可溉古獨棍地八十餘頃。曰白言太渠。又萬英渠。計長二千四百二十丈。內子渠三。可澆地七十頃。曰王步來渠。計長五百四十丈。

可澆小格廟丹把地十餘頃。曰康福祥渠。計長五千四百丈。可澆哈獨拐淖地二百餘頃。現在此渠多已淤廢。若再修復。約需工費在兩萬元之譜。始克通暢。並可澆地千頃上下。只視經營者之進行如何耳。

豐濟渠　原名中和渠。又曰天吉泰渠。爲地商王同春韓鉞所開。計長一萬六千七百七十四丈。歸公後爲予友許藻卿接續修挖。由蟒蓋圖至五分子加長二千三百四十丈一尺。其子渠有五。曰王在林渠。計長四百丈。並可借用竈火河水。澆灌水道他拉地三百餘頃。曰韓鉞渠。計長一千五百八十丈。又東枝渠。計長九百丈。又西枝渠計長九百三十丈。又中枝渠計長八百二十丈。共可澆地百餘頃。按以現在渠身完好。經營得宜。以河套水利言之。此渠佔八渠之冠。農民亦藉此有所依賴焉。

一沙河渠　原名永和渠。亦係地商王同春所開。自黃河起至梅令廟止。計長一萬六千八百丈。而幹身又有恒河渠。又曰爛大渠。又名和合源大渠。爲王同春所開。自黃河起點北行至南牛犋永和渠東枝渠。計長一萬五千丈。歸公後。統名曰沙河渠。修理得法。迄今適用。且能引水入於義和渠。普灌他處之地。至和合源枝渠三道。一西太渠。自沙河起至孟興德房西南止。計長一千九百八十三丈。一中渠自沙河起至哈拉噶爾壕止。計長二千二百四十丈。一東渠自沙河起至沙梁止。計長一千四十丈。十三年又由沙河開城渠由城北。繞流城基地可資灌溉。若能再於義和渠挖一枝渠繞流城東南。則城基地五百頃。不難普澆矣。

一義和渠　係地商王同春所開。蜿蜒最長。自黃河起北行至錦繡堂北歧爲三枝。一東引通大盛成渠。一東北行通老郭渠一北行爲本渠之正身。至舊把總地。又歧爲二。一東行通老郭渠一北行經五原縣南降興長通烏加河計長一萬八千丈。自西公旗什拉葫蘆素報墾。即將此渠劃歸專渠上游之地。平口澆水。如水小不得已時。得在舊把總地築壩數日。以資灌溉。惟近年黃河南遷。舊口已不適用。另修新口。耗費三萬餘元。仍不通暢。十三年借用沙河之水。將來黃河若不北徙。此渠終難得益也。

一通濟渠　原名老郭渠係地商郭敏修所開。在口曰四大股在尾曰五大股爲河套水利開始之大渠。自黃河起點至板担渠稍止。袤延二萬一千六百丈。爲河套八幹渠最長之渠。灌溉杭達兩旗地畝最多。而退水由烏加河澆溉下淖之地尤衆。分枝於短辦子河。通長濟渠係天生壕。計長七千二百丈。又自黃河口至白家渠口。計長一萬八百丈。內借用天生壕河甬四千五丈。其修挖之渠。計六千三百丈。此段乃郭敏修史老虎萬太公李達元四家公開。所謂四大股是也。又自白家渠口至板把渠稍止。計長一萬八百丈。係郭敏修獨開。所謂五大股是也。其枝渠有二十七。曰義成公四渠係地商陳四史老虎積厚堂三家合開。一枝在義成公南。一枝在義成公北。曰復太長二渠。地商賀瑞雄所開。一南北渠自老郭河起至奔把圖壕止。計長一千一十三丈。一東西渠自義和渠起至王三房東北止。計長一千六百九丈。可澆地二百餘頃。爲當年王同春與陳四爭執澆水之要點。曰吉爾蠻太三渠。一在村北。一在村西。在村北者。引短辦子河之水。在村西者。一口兩稍。引四大股水用之。此項枝渠自老郭河起至柳林子東南止。計長九百三十五丈。曰高金科渠。又曰高蔡兩家河。又名蔡家渠。計長五千五百二十丈。曰李達元渠。計長二千九百二十丈。澆地二十餘頃。曰劉保小子三渠。又曰白家渠。又曰頭道渠三道渠四道渠。統計長五千二百丈。可澆地一百四十餘頃。曰鄭映斗二渠。又曰萬太公渠。又曰西大渠。計長一千八百丈。又人字渠計長七百八十丈。可澆地三千餘頃。曰史老虎八渠。又西北東南十字渠。自老郭河起至蔡家渠止。計長一千四百二十丈。又南北十字渠。自老郭河起至渠稍止。計長八百八十五丈。曰郭敏修三渠。係用短辮河之水。出於老郭河幹渠之外。公家收回。爲予友徐潤之所修。普灌地畝。於光緒三十年至宣統末年。嗣後稍有失修。亦尚可用。旋以黃河南遷。另闢新口。則日見失敗。及至灌田公社於民國九年包租。坐享其成。不加工作。遂將此良好之渠全行廢壞。若再修復。非需工貲五萬餘元。難期澆灌也。

一長濟渠　原名長勝渠地商侯應魁所開。借用塔布河上游之渠身。計長三萬六千丈。每年灌地不下千頃。而渠身多占高昂之地。惟曲灣太甚。時多淤阻。是一大病。改道他徙。又係低窪之區。所以迭次興修。而迭次受害也。計枝渠二十一。曰樊三喜五渠。可澆五十餘頃。又南大渠計長九百四十丈。東大渠計長四百七十丈。東小渠計長二百八十丈。北大渠計長一千九百五十丈。退水渠計長七百三十丈。曰楊賜忠三渠。可澆地一百餘頃。計長二千七百四十八丈。又人字渠計長二百三十七丈。又十字渠計長三百四十八丈。曰夏明堂三渠。可澆地七十餘頃。又西大渠計長二千三百四十丈。西北渠計長四百五十丈。喬相華四渠。可澆地二十餘頃。大渠計長一千八百丈。西大渠計長九百九十丈。十字渠計長三百六十丈。東渠計長三百三十丈。曰王存二渠。可澆地十餘頃。東渠計長一百八十丈。西渠計長九百丈。曰樊根來渠。又曰西大渠計長一千五百丈。曰高金科三渠。西大渠計二千二百三十丈。東大渠計長一千二百六十丈。半截渠計長七百丈。歸公後。予修其上游。予友俞子信專修下游。詳細測勘。改修下淖之地。莫不得其利益。不意民國九年。自經灌田公社接辦包租後。未能投資興修。全行廢弛。十餘萬之工本辛勞。一旦全功盡棄。此渠若再興復。又須十餘萬元。始克有濟。河套辦理水利之難。於此可見一班矣。

一塔布河渠　塔布蒙語五數也。又曰五大股因地商樊三喜吉爾古廢夏明堂成順長高和娃合股所開。故曰五大股。自黃河起點。經布袋口循成順長至渠稍。計長一萬八千丈。內有枝渠二十一。曰樊根來五渠。又曰小東淖渠。計長四百三十丈。大東淖渠計長二百二十丈。董應魁渠。計長一百五十丈。北淖渠計長三百一十丈。大西淖渠計長五百二十丈。曰陳駝羔四渠。可澆地五十餘頃。一名頭道西南大渠。計長七百三十丈。一名二道西南大渠。計長一千三百三十丈。一支渠計長二百三十丈。一名三家渠計長六百五十丈。曰張照七渠。可澆地二百餘頃。一塔布渠計長一千七百丈。交界渠計長五百七十丈。西大渠計長五百二十丈。成順長渠。計長二百三十丈。濠北渠計長二百五十丈。濠東大渠計長六百二十丈。濠東二渠計長三百二十丈。曰李安邦三渠。一小召東渠計長五十丈。一店東渠計長一百九十四丈。一龍家河畔渠計長二百五十丈。曰金長春渠又名辛大渠計長五百四十丈。曰姚章蓋渠一口兩稍。計長七百二十丈可澆地百餘頃。此渠歸公後予獨任修挖之責。費盡二年辛勞。耗資五萬餘元始克告成。其渠身之良好。旱台之整齊。爲八大幹渠之冠。又於革余村。建築大橋。便利行旅。每年可澆千頃以上。此次親往履勘全行廢壞。將來若再修挖。尚需工程費在六萬元之多。水利繼續之難。殊可慨也。

以上述河套八大幹渠之主腦。其他不可枚舉。如幹渠之藍鎖籠火河德成渠鄔家地渠阿善渠天德毓渠吳祥渠魏鳳山渠戶口地渠土默爾劉三地渠楊成祥渠廠汗波羅渠錦繡堂渠陳四渠十大股渠哈蓋渠曹四喜渠常興堂渠王文祥渠在西界敎堂渠。曰黃托羅亥渠黃羊木頭渠楊家河渠準格爾渠中國地渠蔓會渠在東界敎堂渠。曰扒子補隆渠爲賠敎之渠。亦爲予所修。在什拉胡蘆素地曰什拉葫蘆素渠紅們圖渠介乾補隆渠霍祿素太渠在蒙旗範圍內。一爲杭錦貝子渠一爲達旗戶口渠。綜計以上各渠。或爲公有。而爲公共興修。或係私渠。獨自經營。而公家由墾務經營者。則八大幹渠也。自十四年。劃歸水利總局管轄。督飭進行。然以綏區實業而言。以河套爲發展之地。而墾殖應以水利爲先務。是水利關乎西北之實業明矣。凡渠有幹渠。有枝渠。有子渠。是以幹統枝。以枝統子。方克勢成一局。自道咸迄今。百餘年。地商之創闢。光緒末葉。貽穀大臣。擘劃之周詳。綜計前後耗用工程費在千萬元以上。其水利關係可知。不意近年。日見廢弛。一蹶不振。若不及早補救。挽已失之利源。則綏區實業前途。終恐無發展之期。並附渠圖於後。以資留意水利者之參攷焉。

按渠道。有幹枝子渠之分。又有地堰。以爲遏水澆地之用。並築壩以防水之沖刷。與截水灌地之需。其工程有土坑土方之別。土坑者。係濬深之謂。土方者。係築高之稱。然每

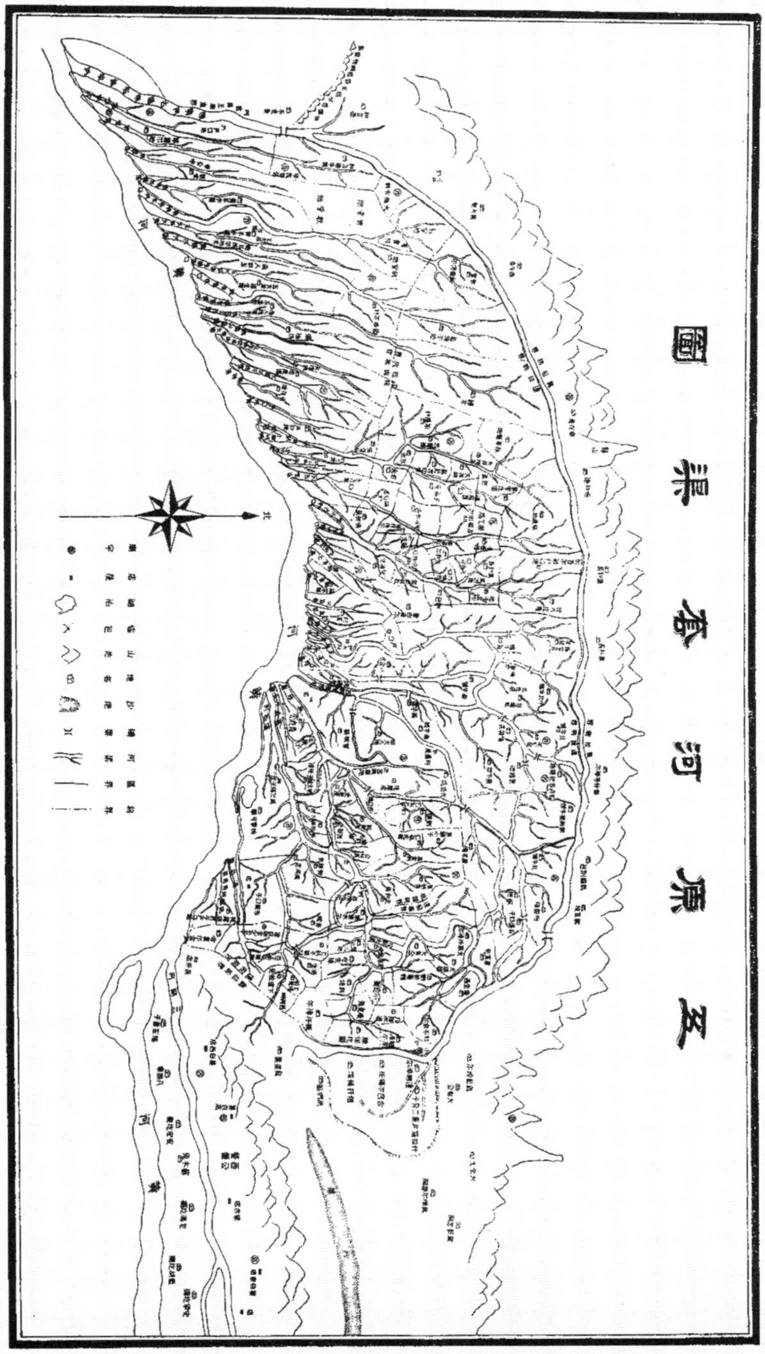
五原縣河套渠圖

擬修五原河套大幹渠計劃圖

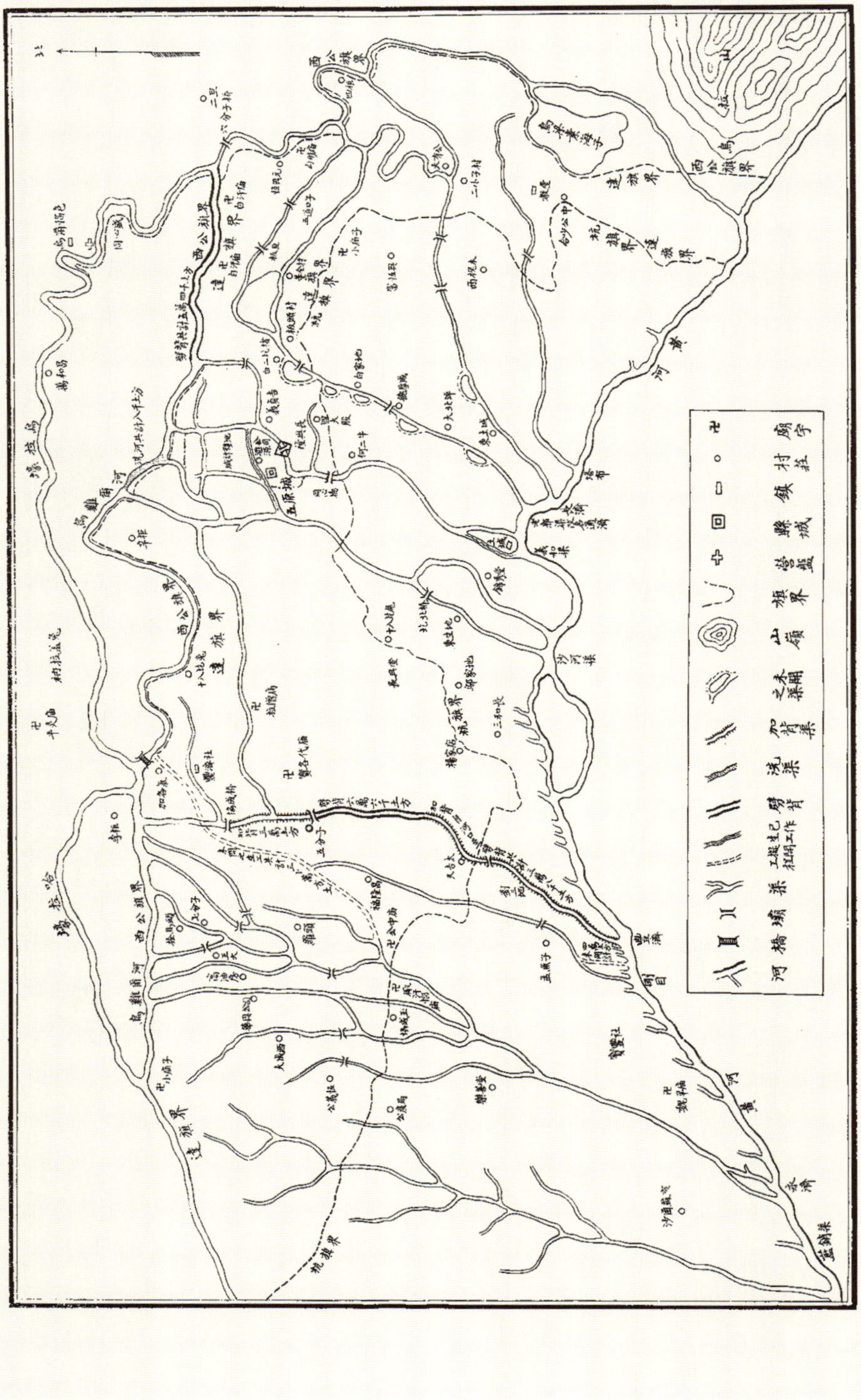

方均寬長一丈深一尺爲一方。然其中有背坑半背半丟以及全丟之別。背坑者。完全用草斗。謂之背斗背土於渠背。半背半丟者。初出土用鍬鏟土於背。嗣用草斗背之。關內人有用籮筐者全丟者。用鍬撇土於渠外。背工多用於幹渠暨壩工。半背半丟多用於枝渠。丟工多用於子渠暨堰道。至渠背之合宜。旱台之整齊。則視監工者之經營如何耳。然以現時觀察。予不過稍得其皮毛。而確有經驗者。屬王同春。張季直君在農商部時曾聘爲顧問查視黃河一週惟年近古稀。將來繼續。深恐無人。此次與予談及河套之水利。意見相同。因河套地勢西南高。而東南低。北高又南低。中段又腰軟。時有渠身潰決之處。非將烏加河舊黃河故道修通。再由西山嘴王六濠修通退水。可期一勞永逸。而八大幹渠之工程。應以永濟渠爲急務。如能逐漸施設。則河套水利可臻完善。茲將永濟渠應修工程圖說。附列於後。俾經營水利者有所攷鏡也。

第十章　商務

河套地方本無商務之可言。然商務不能發展原因。實與墾殖水利有聯帶之關係。何則。河套以農業爲要素。農業振興。商務勢必隨之起色。曩昔河套草萊未闢之先。係屬蒙人游牧之區。商人貿易。不過茶馬互市而已。嗣後外蒙時相往還。遂在大佘太設立通事行。藉資營業。自開墾後。地戶遍設牛犋。包頭商人始有以貨物交易換購糧食牲畜絨毛皮張藥材以歸。仍無現金之營業。此種商人不過行商之名目。亦因交通不便。不敢正式設店。及至光緒末葉。墾務振興。正擬遷徙隆興長與五原縣城內。作永久之計。不意民國以還。初遭蒙匪之蹂躪。繼受盧亂之騷擾。以致大佘太商號焚燬殆盡。一時不能恢復。通事行改設於烏藍腦包後。距五原縣城僅五十里。日見起色。現成一重鎮焉。惟金融仍無現金來往。均用兌帖憑信赴包使取。防爲匪刦。然此項兌帖憑信。時有贋鼎之發生。地方使用不過八折。人民多受其害。近年雖有中交兩行暨豐業平市乾豐紙幣。充斥其間。多不肯周流。合計全縣現洋不過三千餘元。其商務困敝可知矣。

第十一章　農業

河套地方素以農業爲要務。其農民之居處五原縣東界。多包頭鎮人。中區係山西之河曲保德陝西之府谷神木西鄙多係甘肅漢回兩族之人。向視渠水澆地爲轉移。每年何處澆過。即移於何處耕種。春出秋歸。謂之跑青。地方之不能發達。亦由於此。其原

因有十、(一)因地畝澆水無定。(二)因租戶檢其地質佳者耕種。故居無定所。(三)因
不肯遷居建築。以圖久永。(四)因娶室困難。(五)因地面遼闊。人烟稀少。彼此觀望。不
肯落業。(六)因村落散漫。無團結之能力。(七)因人心不古。不能有互相維持之精神。
(八)因匪徒易於潛匿爲患。(九)無金融之機關。流通社會。銀錢交易。以及存儲事項。
異常停滯。(十)因交通不便。輸運維艱。有此十大原因。遂使地方難期發展。而且現在
弊政。又有四點。(其一)攤派繁重。每年若種一頃之地。則租價在三十五兩以上。人工
籽種在三十兩之多。而保衛團之餉項。軍隊之支應。區事之耗用。又在五十兩。綜計約
需一百二十兩左右。設遇荒歉。賠累堪虞。(其二)土匪爲患。河套地方。前清光緒末葉。
尚有路不拾遺之稱。雖有康有爲富有票之煽惑。地方頗爲安謐。及至民國以來。潰勇
潰兵。宵小無賴。一般不逞之徒。時有騷擾。隨撲隨滅。自盧占魁大股蹂躪後。又復收撫
盤踞。又潰叛。遂將會匪餘孽。留於社會。一般社會中人。圖苟安計。不得不入會匪。以
致今日。蔓延不可收拾。(其三)吏治不良。河套地方。農民只知耕作。其他一無智識。全
藉賢良縣知事。以資誘導。而官吏中多以括取金錢爲目的。對於地方整頓各事。毫無

提倡之希望。人民謀業之心。多存猶豫。（其四）保衛不力。河套地方遼闊。全藉保衛得力。方能安謐。該處所駐軍隊。僅有駐防之名。彼所注意者不過保衛教堂暨機關而已。況地方之保衛團。又多係收撫之兵。當事者無駕馭之能力。農民曷能得其實際。是故一般農民相率徙於教堂所在之地。以免攤派之累且土匪之擾。教堂遂得從中居奇。種種挾制。不亟圖補救。非使河套蘊成為租界不已也。

河套農業專賴水利。水有數種之分。曰春水。（消冰水也）曰桃花水。（三月水也）熱水。（四月水也）曰伏水。（三伏水也）曰秋水。（秋天之水也）曰冬水。（冬令之水也）水以伏水為最佳。本年伏汛用水泡地。至秋將餘水放出收凍。次年地氣一開。酥如鷄糞。不用犂耕。耙一次。即可插耬撒籽。此種地可種麥籽。炒麥。莞豆。各種夏禾。省工力而獲利多。是以農民爭租之。秋水較伏水為次。可播種糜谷。高粱。葫蔴。菜蔬。黍子。豆等。桃花水可種糜谷。熱水可種小糜谷。山藥。菜蔬。等類。而菜蔬內白菜出產最良。以甘肅之種籽較勝於京種。其芝蔴棉花予曾親為耕種。收穫亦好。惜人不注意。再稻田於協成地試驗之。甲於甘陝所產。人亦不肯經營。良由在上者不能提倡之故。至春水多無人肯用。因起鹼之故。冬水亦然。惟冬水上結厚冰。用以拉渠。則勝於修挖。惜經營渠道者。每每只圖澆地。不知保養渠身也。若以地質言之。五原西界一帶多沙。再以黃河膠泥。滲和尤爲適宜。所謂二和土。長性最良。沿河一帶多明沙與屑積泥。且又地勢稍昂。澆水不如下稍。故每年田禾收成較遜。縣之中區膠性太大。每有地土揭皮打瓦之慮。（揭皮者因膠地爲日所晒而起裂打瓦者因地受雨水而裂塊）其地質相宜則屬於下淖。是以長濟塔布兩渠之地。枳棘草遍地皆是。形如樹林。地質肥壯。不問可知。至什拉葫蘆素係屬沃壤。惟用水仰給於各渠稍之退水。雖有義和專渠以資灌溉。渠路太遠。不敷應用。每年爭水之案。時有不免。總之河套農業。全視渠道修理如何。水能通暢。農業自不難發達。而包頭一帶之食糧。亦全藉河套爲之挹注耳。

第十二章　鑛質

河套地方山有烏拉前後之分。而烏拉後山卽所謂陰山也其山脈情形。已於第三章內言之矣。按以陰山中之狠山卽古之陽山烏拉山卽古之牛頭朝那山。兩山之枝當黃河溢爲大泊處。爲阿爾布坦山。當石門障崑都崙河發源處。爲居延山又名崑都崙麥垜山。當省嵬口防禦處。爲省嵬山。又有赤城山又名烏蘭拜星山東西德爾山阿爾柴山馬紳山木納山河套山雪山又名察蘇台山帷山又名額魯特山老虎山又名巴爾圖山鄂博圖喀喇山巴爾喀山碧珊圖山莫惇山麥琛山伊克鄂博山。皆在五原縣之北境。其他尚有音納祿山察汗呼燒山白音諾綠山克球山火燒山格郡山格拉山桃葉呼都克山鎖布落那呼都克山所有山名。多係蒙譯之音。當佘太河北。有刻勒峯雪山之脈。南山谷內。松柏合抱。到處皆是。野獸亦多。惟屬於烏拉特西公旗營盤之北。嚴禁伐木獵獸。人民時有以酒或磚茶餌看山蒙古人。私行砍伐。但一經拿獲。則將所有充公。並鞭撻其人。驅逐山下。然利之所在。亦無法禁絕也。北山鑛苗最富。其已開採者。營盤灣烏蘭腦包狼山灣等處。所產煤炭。足供五原一帶之需。而成分稍遜於固陽石拐溝等鑛。因石性過大也。其他與固陽交界石門障之北有石棉礦。惟苗長僅寸餘。不能供大工廠之原料。是一缺點。至天皮礦苗最富。到處皆是。較之歸綏縣境內所產。則優之。大佘太附近莫倫河溝內煤炭礦苗甚多。惜無人開採。河套鑛產不能發達之原因。實因人烟稀少。加以羊磚（羊磚即羊圈內糞積切塊晒乾以供燃料）牛糞柴草。足以供日需之用。煤炭不過機關與商號中用之。所以銷路狹窄。無人投資經營。將來交通便利。社會發達。則此項礦產必有開發之一日。而河套之利源。又豈可限量哉。

第十三章　牧畜

河套水草豐富。爲牧畜最良之區。當草萊未闢之先。蒙漢雜居其間。莫不以牧畜爲生。氈帳林立。隨地而居。其牲畜以羊爲大宗。牛次之。馬次之。或專設牧場。或公共畜牧。均以孳生爲恒產。羊毛之產。名曰套毛。春秋兩季。抓毛運於包頭。銷售轉行於天津。羊亦供包歸等處之食品。以牝羊計之。牧畜得宜。兩年可獲四羔。否則亦可得其三。惟肉不如外蒙扎合慶義和公等處之羊。皮亦遜之。惟道路較近。銷售尚易。牧畜之家孳生均以三百爲羣。僱老少傭者。牧於水草豐茂之區。朝出晚歸。如爲蒙古人所牧。則任其於水草處設氈帳（所謂蒙古包）以牧。原主不過查視而已。牛多牧於蒙古。以五十爲羣。惟種不良。非隨牧隨賣。否則有牛瘟之傳染。一病而不可治。牛除供本地耕作之用。餘售於包頭。轉銷於歸化。馬則西公旗所產最出名。走馬甚多。不過馬種愈傳愈下。以致馬體短小。體質薄弱。不能與甘肅西寧之馬種相頡頏也。光緒末葉。地畝開墾後。牧畜之業。不如曩昔之蕃衍。加之近年土匪騷擾。軍隊勒索。所有牧養之家。損失甚鉅。以現在調查。

牧畜之戶十不及三。毳毛皮張價值之增。亦由於斯。將來若不設法改良。則河套之牧畜。從此失敗無可挽回矣。

第十四章　出產

河套出產最富。糧食則以麥籽。糜谷。高粱。胡麻。為大宗。多半由水路運輸於包頭出糶。其他毳毛皮張大都為洋行吸收。運於天津出口。野獸有掃雪。貛狐狼鹿等類。而狼皮最優。鹿茸則不如關東之產。紅柳可砍伐製器。如筐條鞭桿之類。能行銷於山陝。而枳棘一種。近年為外國所買。惟需工甚繁。取枳棘去其冗。得其中桿。扎成小捆。行銷天津。轉售日本。再由日本製成各種玩器。售於美國。獲利頗多。本處居民。僅知取桿為箸。不能製器以獲利。藥材有黃芪。黨參。鎖陽。運銷內地。甘草以杭錦旗所產豐富。每年由商人設場採挖。對於勞働家。盤剝重利。對於蒙旗租金。稍為點綴。即可任意採挖。向來由水路運於托克托城貿易。每年不下二百餘船。自京綏火車抵包後。以交通關係。商人莫不改道包頭營業。托城商人在都統署力爭未果。事勢變遷。亦不能勉強挽回。托城市面因之一蹶不振。黃河南有杭錦旗鹽城湖。白鹽出產僅行銷於河西。而城賓則優於他處。惟製造粗劣。僅能銷於五原包頭一帶。若能設立工廠。以改良製造。定可挽外溢之利權。肉蓯蓉甚多。不如阿拉善額魯特旗之美。現有宏豐公司在包收買。收分鹽淡兩種。河套只淡種。阿拉善者爲該公司包售。河套則隨意收回轉賣。究難收專售之効。將來交通便利。如有資本家投資擴充企業。則地方實業不難發展也。

第十五章　林業

河套地氣溫和。田多膏腴。對於植樹最爲適宜。而出產以烏拉前山內卽牛頭那叉日磨爾根嶺歷代卽有大森林之天然產。惟屬於烏拉特西公旗範圍內。從前松柏皆大數抱。自前清光緒初。綏遠將軍私伐之後。蒙控旗於京師。將軍被譴。遂致封錮。嗣以大火焚燒一月。古木蕩爲祝融收盡。近年始復成林。任其生長。而禁採如故。每年輸出僅儉伐小樹而已。至五原縣境內。樹林寥寥無幾。自地歸墾後。公家委派專員植樹。各渠莫不遍栽。耗費數千金。因栽植不宜。保護不力。未能得收桑榆之效。繼續者亦未實力進行。以致林業一端。至今仍屬闕如。現僅五原縣暨大佘太等處稍見之。而收效者爲各教堂。皆用分畝種植插秧法。又復認眞澆灌。所以到處成林。地方人民。近亦稍知林業之利益。惟不知種植之法。羣多觀望。查河套地方栽植楊柳榆椿以及洋槐美國松。無不適宜。但須分畝種植。然後插秧壓條撒籽均可。惟須圍以土牆。俾免牲畜踏踐之虞。再加以渠水按時澆灌。則十年間河套之林業發展可翹首而待矣。

第十六章　交通

河套佔綏區西部之平原。方圓數百里。東通包頭西接甘寧。南鄰陝邊。北接庫蒙。中有黃河環繞於鄂爾多斯一帶。且由甘肅平羅以達包頭可謂水陸之區。迤南沙梁有駝路之往來。陰山之南端下烏蘭腦包又爲赴新伊暨庫倫以及賽音諾顏土謝圖車臣等部落之孔道。四通八達。道路紛岐。以包頭起點言之。西北門經公忽洞崑都崙溝進石門障沙壩子後口轉西循土哈馬井老爺廟圪但至台梁烏蘭忽洞大佘太東地頭古力板撒拉伊肯補隆以達烏蘭腦包順狼山經東西皮房義太魁永成泰入阿拉善界抵甘肅平羅縣謂之北路。又一歧由大佘太分路經東地頭入什拉葫蘆素山水壩。過二分子四櫃廠汗淖板旦黃瑙樓燕安河東牛犋隆興長十八圪圖五分子公中廟永成泰循阿拉善界以抵甘肅平羅縣謂之中路。又一歧由大佘太循西南烏審泰過烏加河經賈不色八拜水道大有功西槐木阿善鄔家地秀華堂强油房以達甘肅平羅謂之南路。其水路由包頭南海子西碾房閆君墳柳林子西山嘴白二渡口姚家河頭同興堂惠德成馬密圖黃家灣蘇台廟循石嘴子磴口以達甘肅平羅縣謂之水路。又一歧三湖灣河。由史家圪凸藍胡圪凸老馮圪凸蘇木圖安宏圪凸八掛車楊五套子長牙店柳林灘歸於黃河再由包頭柳林子過河經鄂爾多斯左翼後旗地循沙梁過才登海子圖爾班稻圖池喀喇馬奈打木素保爾斯太沿烏蘭莫多山以達甘肅平羅縣謂之南駝路。由烏蘭腦包出北口。經外蒙戈壁分馳庫倫新疆謂之北駝路。惟每値夏秋之際。河套渠水澆灌地畝。行旅時苦不便。多半改道北山。然宿無旅店。地方荒涼。匪徒時有搶掠之事。人多苦之。至水路船隻。而薄不堅。常有損沒之虞。運輸油斤。改用混沌。運輸木料。改用木筏。然以交通而論。終難往來自如。政府現有包新鉄路與修之議。將來由包頭西腦包接京包車綫。循亂水泉麻池薩齊穿烏拉前山入哈打門溝折北經台梁大佘太烏蘭腦包出西套。以達甘肅蘭州。則交通可稱便利。旅行與運輸。亦無阻塞之苦。再由烏蘭腦包修一枝路。以通庫倫。不但西北內外蒙古有無窮之發展。對於軍事上之控制。亦有若干裨益也。

第十七章　文化

河套人民。大半由他處遷來。貧農佔其多數。除耕牧外。則無所事事。文化上毫無注意。各牛犋商號。不過有司賬之人而已。以致知識閉塞。世界大勢。國家情形。漠然無知。雖有一二私塾。亦不過爲冬烘先生之噉飯處。向學子弟。僅讀百家姓千字文三字經諸書。如能登記賬目。則目的已達。冬烘先生可謂責任盡矣。迨至前清庚子拳匪之後。教堂設立學校。此爲提倡文化之始。民國以還。五原創設高等小學一處。國民初等小學八處。女子初等小學校一處。稍具規模。仍不完善。而教堂神甫牧師極力誘導。文化漸有進步。女學亦稍有起色。近年蒙旗子弟。亦剃髮入歸綏中學校肄業。地方之子弟。亦有中學畢業者。而蒙旗公文。向以蒙文往還。現已改爲漢文居多。且皆邀有漢文之書記。專司其事。其文化之進步。已非昔比。將來交通便利。則文化之輸入。則可日見蒸蒸矣。

第十八章　蒙旗

河套蒙族。歷代沿革。前章已分晰言之。按以明史考之。明初時。套內及大青山以北。盡陷於蒙古元太祖仲弟哈薩爾之後。及太祖之後。分據大青山以北。是爲烏蘭察布六旗。太祖十五世孫達延汗之後。盡據黃河以南是爲伊克昭七旗。終明之世。不復內屬。及至清代天聰八年。太宗征服土默特後。喀爾喀右翼四子部落。茂明安。烏拉特中西公三旗。相繼來庭。並設札薩克。錫號曰烏蘭察布盟。黃河南之鄂爾多斯左右翼前中後各三旗。亦設札薩克。後復增設前末旗。共爲七旗。錫號曰伊克昭盟。是爲西二盟各設盟長副盟長。統轄於綏遠將軍。分班赴京侍衛。遇事受理藩院之節制。民國以後年班多免覲見。然仍屬於綏遠都統之管轄。遇事則受蒙藏院之節制。在於河套者有烏蘭察布盟前後中三旗。前旗卽今之西公旗。後旗卽今之東公旗。中旗卽今之中公旗。又曰東大公旗。東大者蒙譯仍爲中也。均爲元太祖哈薩爾十五世孫。布爾海游牧呼倫貝爾。號所部曰烏拉特。後分爲三部。長子賴噶孫噶布。幼子巴爾賽。孫圖巴。曾孫色稜。分領之。清順治五年。以鄂木布子諤班。掌前旗。封鎮國公。以色稜子巴克巴海掌後旗。封輔國公。以圖巴掌中旗。封鎮國公。各受札薩克世襲罔替。民國仍依舊制。而前旗於十三年絕嗣。牧地當河套之北。噶札爾之南。東至黃烏爾九十里。接茂明安旗界。南至黃河接鄂爾多斯界。西至拜塞爾突百二十里。接鄂爾多斯界。北至伊克爾德阿濟爾噶二百五十里。接喀爾喀右翼界。東南到黃河一百二十里。接鄂爾多斯界西南到黃河一百里。接阿拉善額魯特旗及鄂爾多斯界東北到蘇郎一百四十五里。接喀爾喀右翼界。西北到塔起勒克圖鄂博二百八十里。接喀爾喀右翼界現在報墾歸公之地已佔十之六七。餘多游牧之區。而人口以迷信佛教日見衰落。伊克昭盟即鄂爾多斯。古所謂新秦中地也。共七旗。先是明嘉靖中。元太祖十七世孫袞必里克圖墨爾根爲濟農。譯言郡王也。入居河套名所部曰鄂爾多斯有九子分牧兩處。今之七旗皆其裔也。蹤河套東北隅。沿河蜿蜒而西。北爲左翼後旗。即今達拉特旗。東半在薩拉齊縣西半則在五原轄境。額璘臣從弟沙克札。於清崇德六年來庭。順治七年封札薩克固山貝子。世襲罔替。牧地東至薩拉齊縣黃河冒帶津現名毛岱一百五十里。接土默特界。南至賀陀羅海一百一十里。接左翼前旗界。西至察罕額爾吉百三十五里。接左翼中旗界。北至黑水泊二十里。接烏拉特界。東南到阿魯得勒蘇一百九十里。接左翼前旗界。西南到哈錫拉克羅海一百四十里。接左翼中旗界。東北到台碩額拉蘇八十五里。接土默特界。西北到淖和爾木里圖三百七十里。接烏拉特界。其札薩克駐所在巴爾哈遜湖。戶口尙繁衍。文化亦漸輸入。接達拉旗。循河而西至河套西北隅。斜分之爲右翼後旗。即今之杭錦旗。在五原縣轄境。額璘臣從子小札木素。清順治六年大札木素叛。小札布素不附逆。詔封札薩克鎭國公。世襲罔替。孫都稜。康熙三十七年以從征噶爾丹督護糧運功。晉封固山貝子。都稜孫齊旺班珠爾。乾隆十九年晉封多羅貝勒。牧地東至兎毛河四十里。接左翼後旗。南至喀喇札喇克一百四十里。接左翼後旗界。西至噶札爾山一百四十里。接右翼中旗界。北至塞特勒赫黑突二十里。接烏拉特界。東南到巴彥泉一百五十里。接左翼後旗界。西南到達爾巴哈圖一百五十里。接右翼中旗界。東北到拜塞黑突四十里。接烏拉特界。西北到哈落爾博羅一百八十里。接烏拉特界。札薩克駐所。在鄂爾吉諾爾。又與杭錦旗平分河套西北隅。循河而南至長城止。爲右翼中旗。亦曰鄂托克旗。在漢爲朔方郡之臨戎廣牧二縣地。魏晉荒棄。晉末赫連勃勃據爲國都。定名曰統萬。後魏滅赫連氏。建夏州。爲化政闡熙代名三郡地。隋移朔方郡於此。唐置宥州五季時爲季夏所據。元屬寧夏路明入於蒙古。額璘臣族子善丹於清崇德六年來朝。順治七年封札薩克多羅貝勒。世襲罔替。牧地當騰格里泊郎古屠申澤也。東至察汗札達海泊七十里。接右翼後旗界。南至賀通圖山谷名回回墓三百七十里接右翼前旗界。西至察罕托輝二百五十里。北至馬陰山一百一十里。接右翼後旗界。東南到庫克陀羅海一百里。接右翼前旗界。西南到橫城口三百三十里。接邊城界。東北到鄂蘭拜一百二十里。接右翼後旗界。西北到阿爾布坦舊名省嵬山二百二十里。札薩克駐所。在錫拉布里多諾爾民事則於甘肅陝西邊縣就近管理。地面遼闊。鑛產甚多。惟蒙民倔強。近年革命之說盛行。蒙人稱之曰獨規。旗務糾紛。不可收拾。濱近平羅之地。前清放墾二百餘頃。民國十三年。又放月牙湖等地二千餘頃。按以所述各旗。烏盟前旗則人多狡詐。後旗則勇於戰鬥。中旗則富而純厚。伊盟之左翼後旗。則文化進步。右翼後旗則崇重道德。右翼中旗則性情猜疑。然均迷信於佛教。將見人口衰微。終不免有滅種之虞。如能破除迷信。從事文化與耕牧。尚可挽回於萬一也。

第十九章　教堂

河套教堂。在縣東扒子補隆者。爲耶穌教堂。在縣西蔓會烏蘭保爾黃特勞亥黃羊木頭東公中準噶爾楊家河等處者。爲天主教。傳教之初。人多觀望。嗣以小利引誘。一般無知者。始行入教。仍不踴躍。又以勢力袒護非法之人。於是不肖者趨之如鶩。一般公正士紳大起反感。遂演成庚子仇教之慘劇。教案以後。所得利權愈多。教民氣焰愈張。教堂遂以蒙旗賠教租地。逐漸施其覇佔之計。以致西境杭錦達拉特兩旗之楊家河東公中黃羊木頭準噶爾黃特勞亥等地。兩千餘頃。盡成教堂之產。近年逐漸侵佔至於永濟渠且任意澆用官水。公家不能過問。至農民對於國家應盡之義務。一概拒絕。一般愚民貪圖小利。莫不租種教堂之地。而教堂遂得居奇。高抬租價。盤剝重利。人亦莫知其毒也。扒子補隆之教堂。庚子教案後。遂佔數百頃之膏腴。公家以賠欵之關係。又代專修一渠。計長三十餘里。此渠亦係予所修。然塔布河之水。仍時爲強用。總之河套一帶教堂。完全以傳教之虛名。實行強佔地畝之實。蒙人愚魯。不知過問。官吏畏葸。不敢過問。甚至勾通土匪。要挾政府。包攬詞訟。魚肉非教之民。以致控案時興。糾紛不已。當道若不早爲澈底解决。任其永久覇踞。目無主權。一旦爆發。終非國家之福。亦非敎民之福也。

第二十章　吏治

河套之興替。應視吏治之良否。從前草萊未闢。承平之時。無人注意於斯。及至前清末葉。始有張之洞胡聘之岑春煊吳廷斌在山西巡撫任時。稍議及之。仍有鞭長莫及之處。自設五原廳之後。不過在包遙治。徒務虛名。民國以還。雖移知事署於隆興長而土匪兵燹之餘。元氣大傷。一時難以收拾。且爲官者。大都以括削金錢爲目的。設有良吏。又不、善逢迎。勢難久居其位。有此兩層之原因。欲得良吏以治。戛戛其難。本年馬都統迭次派員勘查。籌擬添設大佘太强油房設治局以及西山嘴縣佐等缺。以資整理。如能實行。則地方固屬受益不淺。然用人一端。若不選派良能之員。積極着手辦理。仍恐難以起色。以予管見。將來綏遠都統移駐包頭河套地方添設鎭守使一缺。道尹一缺。並河套鄂爾多斯各地。改增五縣。以資經營。似此分疆治理。呼應既靈。發展自易。未知西北賢豪亦以爲然否。

第二十一章　軍事

河套雖偏居綏區西鄙。確爲歷代戰爭之地。赫連勃勃建都統萬。非即今鄂爾多斯耶。元代崛興。非河套耶。宋明之邊患。以至今日之匪亂。亦莫不在於河套。是河套軍事之關係。誠爲不淺。今述其概略。以備留心軍事之參攷。

（戰國）　趙武靈王北破林胡。二十六年攘地北至代西雲中九原。又嘗欲將士大夫綠其境。直南襲秦。李牧降林胡於勝州。秦始皇三十五年。除道到九原抵雲陽。塹山堙谷直通之。代趙并天下。築長城。起臨洮至遼東。延袤萬餘里。樹榆爲塞。使蒙恬渡河據陽山築亭障以逐匈奴。取其地名曰北假。魏惠王十九年。築長城於稒陽。秦孝公十一年衛鞅圍稒陽降之。

（漢）　河套本新秦中地。初入匈奴。武帝元朔二年。收河南地。遣大將軍衛青出雲中以西。至高闕。走白羊樓。徙民十萬以實之。使校尉蘇建築城以守。後漢永元初。竇憲出雞鹿塞。鄧鴻出稒陽塞。會兵於涿邪山。漢將妻范夫人築城於黃河北岸以防匈奴。征和三年。李廣利出五原塞。匈奴要擊於夫羊句山陿。廣利破之。乘勝追北至范夫人城。

靈帝末。羌胡大擾。流徙分散。城邑皆空。建安二十年始平之。終世仍沒於匈奴。

（晉）　石勒幷朔方。苻秦奪其地。永嘉之亂。劉衛辰據之。太和三年。代王什翼犍擊劉衛辰。衛自君子津濟。時河冰未合。什翼犍命以葦絙絕流。俄而冰合。猶未堅。乃散葦於其上。水草相結。有如浮梁。代兵乘之以渡。太和太元元年。苻秦伐代什翼犍軍。還至君子津。會秦將李柔勒兵趨雲中。遂定其地。旋爲赫連夏所奪。

（魏）　始光三年。魏自將伐夏。行至君子津。會天暴寒。冰合。遂濟河。襲統萬。大掠而還。明年執金吾桓貸造橋君子津。尋發諸軍濟河。正光元年。元彧討破六韓拔陵於朔州。彼時有段榮字子茂。祖士信。仕沮渠氏。後入魏。以豪傑徙北邊。家於五原郡。父連支北府司馬。榮少好歷術。專意星象。嘗語人曰。天垂象見吉凶。今觀元象察人事。不及十年。當有亂矣。或問曰。起於何處。當可避乎。榮曰。搆亂之地。以五原爲始。恐天下因此橫流。無所避也。未幾果如所言。遂有孝昌之亂。盜據爲寇。人民避寇內徙。乃將一縣之人。各成聚落。仍用舊縣。召民集之。魏主燾破蠕蠕。列置降人於五原陰山。竟三千里。大宗永興三年。詔尉古眞統兵五千鎭於西境之大洛城

（隋） 隋末爲梁師都所據。

（唐） 唐破梁師都平之。調露元年。裴行儉討破突厥歌邏逐右廂部落於黑水餘黨走保狼山元和十五年長澤爲吐蕃所破。貞元七年置天柱軍。又於楡林郡設義勇軍。景隆三年朔方軍總管張仁愿。築三受降城，又於牛頭牟那山北。置烽堠一千八百所。以禦敵。自是突厥不敢度山。放牧減鎭兵數萬人。永淳初突厥入寇豐州州將崔智辯與戰於朝那山敗績。乾元元年。回紇據之。會昌二年。回紇爲黠戛斯敗。徙屯永濟柵屯兵天德振武北境。元和九年。宰相李吉甫奏設安邊戍。置橫塞軍。又置天德軍。又於大同川西置天安軍。開元初受降城爲河所圮。總管張說於城東別置新城。七年河溢。城南面多毁壞。八年振武帥李進請修受降城。兼理河防。李吉甫請修治於天德故城。李絳盧坦以爲舊城。當磧口據險要衝。得制匈奴上策。又豐水美草。邊防所利。今避河患。況天德故城。僻處确瘠。去河絶遠。烽堠緊急不相應。寇忽唐突。勢無由知。是無故而蹙國二百里也。城使周懷義。遂奏利害與絳坦同上。帝卒用吉甫策。於是西城遂廢。邊事則困之多故。十二年徙天德軍於陰山通濟廢橫塞軍。置大安軍於大同川永徽初薛延陀既滅。鐵勒諸部回紇皆內附。復討擒突厥遺種車鼻可汗於金山。徙治振武軍。

（遼）太祖元年。破唐振武軍。置應天軍。又平黨項。盡掠吏民以東。置威塞軍。晉割代北來獻。天祚帝保大四年七月。率軍出夾山下漁陽嶺。取天德東勝等州。重熙十七年西夏犯邊。

（夏）夏始祖拓跋思恭。據有西部之夏州及元昊盡取河西地。慶歷初復陷豐州北控大漠。置軍河北以備遼。

（金）金取遼地置武興軍。

（元）元併夏金。

（明）明初元兵圍大同。李文忠敗其衆。進兵東勝州至莽哥倉而還。洪武二十六年。改建東勝左右二衛。屯兵以衛民。得耕牧於河套中。正統三年。邊將周諒言東勝州廢城。正濱黃河東接大同南抵偏關北連大山榆陽等口。中有赤兒山東西坦平二百里。其外連亘官山。若屯軍此城。在大同右衛凈水坪偏頭關水泉堡各處營堡皆其內。可以不勞成安。非惟可捍蔽太原大同。亦所以保障延安綏德也。時不能用。成化三年總兵王璽築墻於套內。青山以北盡陷於蒙古。阿羅出毛黑孩火篩等所據。嘉靖中元太祖仲弟哈薩爾之後。及太祖十七世孫袞必里克墨根。逐火篩居之。分據青山以北。是爲烏蘭察布六旗。太祖十五世孫達延汗之後。盡據黃河以南是爲伊克昭七旗。終明之世。不復內屬。惟青山黃河之間。明初嘗置東勝五衛及玉林雲川鎭虜宣德四衛。不久又廢。旋爲察哈爾小王子之族諳達所據。崇禎九年。兵備盧友竹建堡。東接滑石澗口臨黃河岸首當西北之衝。

（清）天聰八年。太宗征察哈爾河套蒙旗始相繼來庭歸順。康熙中聖祖征噶爾丹時。寇沿克魯倫河而遁。同治七年甘肅回族馬化龍等作亂。餘股蹂躪於河套將及包頭光緒二十九年。土匪劉天佑糾衆騷擾後套。綏遠將軍貽穀調遣大同鎭總兵劉光才管帶譚湧發胡光才及山西常備軍暨口外防營會勦。追於甘肅境內擒斬無遺。遂留軍以防餘孽。

（民國）元年庫倫獨立。二年松彥光汗。陶什陶等。勾結內蒙南犯大青山狼山一帶。烏蘭察布盟西公等旗應之。晉軍第一師師長孔庚敗績於狼山二分子後口子等處。

牽動包西。綏遠將軍張紹曾。授晉軍團長趙守鈺方略。破其各昭巢穴。始克平之。並移軍築營於烏蘭腦包以資鎮懾內蒙各旗。始行到綏承認共和。晉軍旋調回大同解散。四年哥老會匪盧占魁。又復糾衆起事於河套攻包頭破薩縣旋收撫駐於河套又復叛去。死於奉天而餘孽未盡。以致擾攘迄今。羣盜如毛。五原遍地皆是。地方軍隊。多係撫降之衆。不足以衛地方。而正式軍隊。又屬薄弱。十三年秋直奉失和。所駐大佘太台梁收撫綏西遊擊馬二營。改編第三路騎兵團。開赴內地。僅保衛團六隊分紮五原縣縣中西北三區。計一百餘人。其西區之隊。亦係收撫者。均不足恃。縣署警察二十餘人。不過其服務之驅使。以河套之遼闊。而無保衛之能力。欲圖治安。戛戛乎難哉。若不及早通盤籌維。後患堪虞。補救之法。須以强健一旅之國軍。分馬步炮之支配。並行屯墾之制。分紮於大佘太狼山西山嘴强油房楊家河等處。無事教育於工兵。有事則不難控制。保衛團亦須另爲編制爲遊擊隊。規定餉章。勤加訓練。再於各要隘建築炮台。嚴爲防守。一面將會匪餘孽掃除盡淨。逐漸施設河套地方治安。尚有平謐之希望。否則西北將來之禍患。定必復起於河套而不可收拾也。

第二十二章　會匪

河套人民五方雜處。加以漢蒙回之混居。撫治最屬不易。且前清末葉。無官治理。其間商人郭有元私墾之始。招聚亡命以致潰兵逃勇。宵小無賴。皆附從之。嗣後。各地商霸據地段爲雄。其勢力視所聚亡命多寡。爲勢力之增漲。亡命統稱曰把什匠。私購鎗械。擴充勢力。官廳與防營明知之而不敢問。各地商遂以爭地械鬥。結其深仇。互相火併。而亡命之勢力愈形澎漲。及至康有爲梁起超戊戌變政失敗之後。政客有派人到河套密秘煽惑。遂有富有票之傳播。演成劉天佑之變擾。迨至平服後。大同所駐防營兵卒。多有哥老會徒。得以藉此宣傳。盧占魁字堯臣。豐鎮隆莊回族人。短小强悍。性情沉默。彼時爲防營之什長。會匪得舉爲龍頭老大。結合黨羽。於甘肅平羅陝邊榆林府谷又復招集一般强徒。擴充勢力。然盧占魁自舉爲龍頭之後。財政公開。毫無嗜好。且不愛色。是以會匪中敬服不怠。民國改革。蒙匪變亂後。乘機揭竿而起。騷擾於河套河西一帶。哥老會勢力遂傳播於各界。又不惜重資。購買槍械。自來得手鎗。竟得千百餘枝。經濟則以帮票勒贖爲目的。人民不堪其苦。軍隊進剿。亦多失敗。氣焰愈張。按以哥老會發源四川。蔓延於陝甘新綏遠等處。本含有政治黨會之臭味。會章最嚴。一不許採花。（即奸淫婦女之謂也）二不許刼財傷人。三不許擄掠過甚。四川爲仁字輩。爲會中之袖。及傳至綏遠已成德字輩。以仁字推之。已在第十輩間。年代湮遠。會章已漸失其效力。盧占魁之失敗。亦由於此也。及至民國四年。由後山出劉寶窰溝攻包頭破薩縣。進擊台格木歸綏兩城。岌岌可危。幸駐察哈爾淮軍蕭良臣。率兵勦辦。不旬日掃除淨盡。及至潘矩楹都統開缺。蔡成勳都統蒞任之後。盧占魁又復勾結軍隊。竄擾托城興和豐鎮武川不可收拾。遂收撫爲團長。駐於五原烏蘭腦包。旋又叛去。進撲甘肅平羅轉戰楡林攻破陝西武功到處淫殺擄掠無遺。嗣與陝西民軍進攻西安失敗。率萬餘人取道四川全軍覆沒。盧占魁隻身爲葉荃救出由雲南潛跡上海第一次直奉開戰。察哈爾都統張景惠召爲第五旅旅長。駐於豐鎮。擬謀綏邊。張景惠失敗盧占魁又復逃於奉天參謀張仲衡爲張錫元都統所殺。盧占魁逃至奉天爲保安總司令張作霖授以旅長。十三年夏又欲變亂。遂爲張作霖將黨羽暨盧占魁聚而殲之。盧占魁從此遂告一段落矣。近年又有匪首糾衆千餘人。橫行於河西。是盧占魁雖死。餘黨在綏之勢力。依然澎漲。按以現在調查。五原入會者十成之九。東勝入會者十成之六。薩縣入會者。十成之九。固陽托城入會者十成之七。武川入會者十分之五。所幸者不過歸綏和林清水河三縣而已。均以白巾爲號。其他舉動秘密。黑話甚多。不及細載。分富貴忠義橫山等堂。富貴堂爲上流入會者。忠義堂爲普通入會者。橫山堂爲下流入會者。近年由哥老會改爲秘密會。愈形複雜。其入會者有種種之原因。(一)保免身家。不得不入於會。以資聯絡。(二)被匪挾迫者。(三)因嫌怨入會。藉圖報復。(四)因窮無歸。挺而走險者。(五)身犯重罪。藉以庇護者。(六)因貪圖金錢。(七)以逃兵潰勇。無所歸宿。有此種種原因。以致會匪結合能力。甚爲堅固。其影響最大者莫如當晉軍第一師。在大同遣散時。未能籌以生計。遂多流落口外爲匪。以致今日蔓延全區。將見人人爲匪。家家自危。向來入會規費。不過一元。十三年已增至五元以上。其入會者之踴躍可知。包頭五原托城東勝固陽等縣。均設有坐設碼頭之龍頭。藉資聯絡。按以現時狀況言之。已收撫及未收撫。並入各保衛團爲兵者。在三千人以上。大槍計二千餘支。自來得手槍五百五十餘支。子彈均甚充足。以五原縣爲根據地。統計入會者將有五萬之多。知之者亦不敢犯之也。然其中不無英傑之士。如爲上者。能以恩威並施。訓以教育。已收撫者不難改邪歸正。未來者亦可化惡爲良。一面籌以生計。一面解散脅從。治標本並顧。認眞圖維。尚可挽回萬一。否則西北會匪之隱憂。終不知作何底止也。

第二十三章　風俗

河套原爲蒙族發源之地。漢人不過爲貿易轉運之場。來往無定。嗣後土地日闢。始漸有編戶之氓。惟多屬陝晉之民。至甘肅回族。亦漸由西徙入。近世又有歐洲人士。傳播耶穌天主兩教。自成風氣。今將漢蒙回風俗。分別言之。亦助治之一端耳。

漢回族之風俗

漢族之人。如陝西則屬榆林府谷神木。如山西則河曲保德。其他則河間大名。謂之關裏人。餘則本區各縣者。故其俗多類內地。然情形複雜。氣侯空气乾燥。寒暑均烈。夏季六月間。華氏表最高達九十度以上。三九寒度竟低至零度。八九月爲溫和時期。三月爲解凍之期。十月以後。驟入寒境。惟西北氣候變動甚速。一日之間。具有四時氣候。故嘗有早穿棉皮午穿紗。懷抱火爐吃西瓜之諺。人多耐冷。往往嚴冬時。能破冰入水。視若坦然。可謂勞働家之特別性。固亦境遇使然。

人口男多女少。娶歸成家。實屬不易。因娶一婦。所索聘金。謂之財禮。需數甚鉅。男多勞働家。大都無力迎聘。女則在家毫無教育。又不事女紅。不過從事於牧養。多不知廉恥爲何物。以致苟合者居多。一般勞働家。只圖一時之歡。所以一女而共數男。父母貪圖微利。亦置之不問。風俗惡劣。良由於此。而寡婦再醮。聘資尤鉅。更難轉嫁。所以河套寡婦之多。亦由於是。誠惡俗也。

男女均嗜好於鴉片。一般勞働家所得之資。莫不犧牲於此。以故鴉片產量最富。積習難除。其一切之不能發達。以及風俗之惡劣。實原於是。是河套鴉片一日不能禁絕淨盡。則永無振興之日也。

陝西人民。務農從商。爭朝夕之利。游手好閒。競錐刀之末。富者素慳吝。賤者薄仁義。豪强縱橫。貧窶竊盜。大抵夸尙氣勢。好鬥輕死。家富子壯。析產分居。家貧子壯。則驅之供父耰鋤。婦姑不相悅。則反唇而相稽。秦始皇遣蒙恬攘却匈奴。得其河南造陽之北千里地。於是築城廓。徙民居。名曰新秦。今俗名新富貴者。爲新秦。卽指此也。婦女終身不浴。謂守禮也。然失節者。不以禮閑。躧足之風最甚。迄今未能革除。而操作之痛苦。父母愛之。而不惜之也。夏歷正月十五。夜用麪爲不托。名燈盞。注油燃燈。至十六日早。作羹食之。示收燈也。二十日名小塡倉。燃燈舉火。二十三日聚猪羊骨雜燒之。名煉乾。俗諺曰大忌。二十三。太上老君不出菴。二十五日名大塡倉。亦燃燈舉火。二月二日。名龍抬頭。禁止女工。恐傷龍目。並以灰圍宅。謂之圍蚰蜒。三日早。取元旦所作黃米大磨相燒黑豆啖之。謂之啖蠅子。三月三日昧爽。以柳條鞭房四壁。以禳蝎虿。穀雨日貼厭蝎符於壁。書咒其上曰。穀雨日。穀雨晨。奉請穀雨大將軍。茶三盞。酒三巡。送蝎千里化爲塵。五月五日。用蒲艾紙牛貼門。名鎭病。又是日飽食謂塡五窮。六日夜多聽靜。以卜終年吉凶。六月六日。鷄作菉豆羹。俗呼漿水。遲明携漿至祖塋澆奠。名解炎熱。中元日。農家早向隴頭擇禾之長茂者。懸五色紙旗。名曰田旛。八月十五日。以瓜果香餅賞月。並互相以月餅相遺。臘月八日。用黃黍作糜。下油鹽於中。謂之餅飯。二十三日祀竈。用糖餅。以糖泥神口。祝曰。毋以惡事訴玉皇。娶婦雖濃粧。亦必白布飾其首。蓋西方金也。山曰太白。故多尙白。從來遠矣。近見革除。改用靑藍絹矣。

山西人民。畜牧牛羊。從事稼穡。均爲所長。然多機巧。趨利褊急。近見衣食住。與陝邊相同。而尤儉樸。鴉片嗜好亦同。並喜食河南清華之水菸。吸與旱菸同。竟用羊腿骨爲烟具者。每年消耗最鉅。而人皮胃受病亦深。一時無能挽回。惟善治生產。多藏積蓄。質朴而尊卑相序。剛直而內外有別。性情剛强。少不相得。輒詬詈攘臂。獨不好訴。畏官也。方言稱父曰老子。稱兒曰娃。人憒憒曰不中用。公家人曰官人。合人作事曰夥計。强壯曰魁巍。人懦退曰不長進。高大曰[illegible]。短小曰遳。責人曰數說。多曰夠。少曰不夠。電曰閃電曰硬雨。酒徒曰望子。馬不鞍而騎曰驏。孔曰窟攏。婦女亦不事沐浴。纏足之習尤深。自閻督厲禁後。竟有以放足之羞。遷徙入套。其愚錮可知矣。關裏人大都直隸河南山東等處者。並無家室。春來冬歸。以傭工爲事。渠工佔其多數。對於鴉片嗜好則無之。每年所掙工銀。易以馬匹騾駒。由草地逕歸。否則流於盜賊。性情强悍。傭主畏之。然勞動能力優於山陝。故畏之而又羨之也。

河套西鄙。則屬甘肅人。暨回民。風俗爲山陝人所薰染。大致相同。惟所用大車高輪。以過渠道相宜。而體質粗笨。速力稍差。女子未嫁。一律髮辮。故一望而知爲處女。既嫁之後。則一律結髻。髮辮也。結髻也。實不齊女子嫁否。唯一之標識。積習亦崇尚纏足。步履維艱。惟性情强悍。料理農事。男子往往遜之。貪圖小利。更甚於山陝。回族之風俗。分門別類。有舊教。有新教。有再再新教。新舊不同。時起仇視。對於漢民。雖雜其間。界限顯然。而共事最無信用。所謂回教中人。飯可吃而話不可信也。回民過年之前一月。即把齋起。凡男女十歲以上。皆於黎明後。不得飲食。甚者津液亦不敢下咽。方爲善。把日落星全。方恣意飲啖。但不得飲酒近婦人。惟散漫而居。無禮拜堂之結合。至次月初一或初二。總以望月如鉤。則開齋過年矣。信崇奉阿渾。不敢稍有違背。婚娶以兩家意合。男家饋牛送羊布疋。邀請親戚。更求阿渾數人。同赴女家議婚。念經爲定。至婚期女家或婦或兄。一人抱新婦同騎馬。以帕蓋面。鼓吹導行。送至夫家。男女室後。皆以清水遍身澆洗。禁食猪肉最嚴。凡驢狗虎豹肉及牲畜自斃。苟其非人宰殺去血淨者。悉不食。人死則集數人在屋上。同聲喊叫。念經其家。皆白布爲冠。謂之掛孝。死之日或次日。即舁之郊外瘞之。無棺槨衣衾。唯白布纏尸而已。葬時尸面於上則喜。尸覆於下。則謂入地獄。親屬無不戚戚也。男多不薙髭鬚。惟剪唇鬚。便於飲食。生子五六歲。其父母邀請阿渾念經。以刀挑斷勢皮。使其澎漲力增。如宴會總以多殺牲畜爲敬。駝牛馬均爲上品。所陳食品或散給於人。或宴罷攜之而去。則主人大喜。以爲盡歡。回文如鳥迹。如蝌科。橫讀而連斷。尤不易辨。字頭二十九。通曉字頭而無疑字。幼童能書記者。謂之毛喇。司教者謂之阿渾。亦有大小之區別。敬信明理處。猶蒙人之於喇嘛也。遇有疑難。皆問諸阿渾。卽男婚女嫁。亦所主持。雖有謬誤。亦不怨悔。尤可哂者。鄉愚忘其生辰。問之阿渾。告以月日。復忘。另告以月日。信之雖謹。小兒出痘輕而易過。百中或損一。是回民面麻者少。遇有疾病。必向河中沐浴。冬夏皆然。燥結之症。亦於河中灌洗穀道。納葫蘆柄於其中。藉水出入探動。亦求通利焉。回人多攜刀長尺許。刃兩面極犀利。俗呼爲攮子。私鬥時。每每以致命。飲食中白糖和麪摶成杵形。高尺許。而銳其頂。呼爲塔兒糖。人最珍之以餉貴客。婚姻回女不嫁漢人。宗教關係使然耳。

蒙族之風俗

蒙族起源於匈奴。蠕蠕鮮卑回紇奚契丹部族各異。自鐵木眞崛起。抉歐亞之藩籬。忽必烈入主中夏。及至成吉思汗。自蒙兀族。西人曰 mongolia 今匈牙利尙有其苗裔焉。

蒙人頭形稍廣。面貌扁平。眼多傾斜。故有直眼韃子之稱。如河套血統。太半混化。與漢人無甚區別也。文字成吉汗思時代。習用土耳其族之維伊奇哥爾文字。是爲蒙古用文字之始。及世祖時。西僧帕克巴變化藏文。製蒙文字母四十一個。是爲蒙文之始。彼此互相併合成音。綴合之法。與羅馬文相似。現今之蒙文。爲元末所確定者。字頭一百零四個。譯文不如漢字之簡。僅能述其大概。而不能演譯科學。近來新發明之一切。仍用漢語。不能譯爲蒙語。是一缺點也。階級分三等。曰台吉。曰喇嘛。曰黑人。黑人服務於貴族者曰奴才。服務於招廟曰黑徒。蒙族以黑人爲最苦。婦女均爲人之奴才。專制使然。性質得興安嶺之餘脈。故能耐勞受苦。惟服從性最深。長官尊若帝天。見官則屈足。典禮則膝行。從前大有上古之風。近來則狡詐驕侈。退車苟安。良由智識日開。人心日薄。正負相生。天演使然。王公服制仍着袍掛。各色頂戴。尚沿用勿替。平民服用棉布寬領大袖。腰束條帶。而繫以煙袋食刀等物。冬着老羊皮。袍不製面。暑天多赤足。間有不著褲。僅圍腰裙。喇嘛有紅黃兩種。以服色別種類也。髮辮依然。惟達拉特旗開通。竟有雉髮與漢族同。婦女寬服闊袖裙輒拖地。環佩粗笨。而喜塗胭脂。處女編辮嫁而束髻。

飾以金碧。梳髻用膠膠之。每年梳髻爲數無多。因梳一次。則須膠一次、頗不易爲也。靴鞋底特別布折數層。實以繩實極精緻。曰千層底。冬日踏雪。則常用內地輸入之氈鞋。飲食以乳品爲主。獸食次之。乳品中以新鮮之牛奶鹹鹽等和於茶爲夏日之飲。名曰奶茶。又曰奶子茶。以作奶、荳腐所磨之漿覆之。俟其酵醇蒸之於鉄鍋。塗以牛糞。使閉其氣味。俟流出蒸氣、卽爲酒、其味酸、飲之有味。能薄醉。名曰奶酒、惟不能耐久。又以新鮮乳。和以水、俟其發微酵略帶味、視爲美品、夏日飲之、可以却暑、名曰酸奶子、擠奶出。盛之於器。使靜約一時、浮面生油、取濾以布囊使淨。而後煎以文火使色黃如蜡。其佳者不亞西洋品、蒙人款上客餽送始用之、名曰黃油、奶油既去其下沉、如荳腐汁者。煎既熟。盛木使成方塊大如磚。卽以花紋切作長條、或小方塊、味淡略酸、若和以糖亦可食。再以濃茶調之。以淡鹽和之、則化爲流質。飲之甚耐飢、名曰奶荳腐、至牛酪製法。先置牛乳於器中。及腐敗、水分溶解、然後入金屬罐頭中、以土泥封其口。徐煎之。罐上有細管。管之一端下垂、入瓷盌中、乳經火煎。自管端下滴入盌。卽爲牛酪。和炒米食之最佳。蒙人多用爲贈答品。其炒米用糜籽置鍋中煑熱、取土曝以日光。使之乾。或炒乾之。

然後去其皮糠。所餘之粒。即爲炒米。經久不壞。行商兵士。視爲珍品。所需薪材。糞粕到處多有。於蒙古包內燃之。在蒙人積習已慣。在漢人聞之氣味逼人耳。昭廟之建築瓦間有飾黃金者。近以銅鏡代之。竿懸白布幡以別聖俗之界。札薩克所居曰王爺府。普通蒙民所居。皆係蒙古包。坐北朝南。隨時遷移。土屋名曰板身。然仍置蒙古包於院內。不忘本也。蒙古包構造皆圓形。通常度約在十尺與十五尺之間。柱頂上架木爲樑。成傘形之蓋。全部包圍毛氈數層。以馬尾繩束之。頂上毡子。繫以繩。得自由啓閉。中設烟筒。南面置門高約三尺五。寬二尺餘。垂毡簾以蔽風雨。男女分左右居。間設佛龕法器。龕前家長住焉。蒙地無旅店。故行旅輒投包而宿。然須稍知蒙語者優待。惟入包時。必置馬鞭於戶外。既入室須坐左邊。客去則家長及婦人齊出歡送。正式禮節一遞哈達。二交換鼻烟壺。現多與漢習融化。此習漸除。然遞哈達仍注重也。

婚姻則蒙人。亦有早婚之惡習。且居室於父母外。均能苟合。如女在家有孕。生即對蒙古包外之馬樁而叩頭。謂即其夫。遂可不嫁。任意逐流。其正式配合。亦不拘行輩。問名納采。並無聘物。以家之貧富。定牛馬之多寡。行婚禮。登堂不交拜。入戶不合巹。飯後則與戚友爲禮。送哈達送烟袋遞鼻烟壺。送親者饗以酒食信宿而去。未婚之女。均辮髮根束紅繩長寸許。至嫁日亦如之。婚後始梳髻。平時無男女之嫌。調笑戲謔無界限。甚至野合亦不爲恥。尙天然人羣世界焉。葬禮極簡單。王公始有木板櫃形似棺槨者用之。普通則棄之野外。三日後視之。已爲鳥獸攫食。則以爲生前無罪所致。否則子孫有戚容。大有上古委諸溝壑。死欲速朽之遺意。喇嘛則以火焚其尸。祭祀以天地日月星辰高山大川雷鳴電光等。皆謂之有神。以石子堆積。謂之鄂博。春秋致祭。謂之祭鄂博。昭廟則聚僧徒唪經供佛若干日。稱曰嗎呢會。皆藉以斂財也。歲時仍用陰歷正月十五。各昭廟多舉行跳鬼禮。近年以匪患不靖。大都停輟矣。至宗教崇信最深。故每家三丁。必有一人或二人爲喇嘛。呼圖克圖則稱曰活佛。蒙民皈依。有神聖不可侵犯之勢。磕頭之禮。不遠千里而往。每年之朝五台山。有資者無缺焉。按喇嘛之意義。元明史都作喇馬。蒙人呼曰喇阿瑪。又西藩語上曰喇。無曰嘛者。無上之意。卽梵語兀呔喇。原本爲尊稱。近則爲普通名詞矣。其教之由來。南北朝末葉。西藏盛行蓬教。爲一種崇鬼神之邪教。唐初宗弄贊君臨西藏。遣使赴印度求佛典。是爲印度佛入西藏之始。後與邪神教混合。喇嘛之教出焉。教分兩派。源於佛教。衣帽用紅色者。名曰紅教。爲寧夏巴派。許肉食娶妻。爲邪教之源。能誦黑經以咒人死。衣帽用黃者。名曰黃教。爲嘎達讃派。起於宋仁宗白祐之時。羣多信仰。近亦有邪教之傳染行多不正。彼時自元世祖忽必烈利用宗教。羈縻蒙衆。近以爲喇嘛則可減輕擔負。是多趨之。而家庭中。男女戀愛。爲天賦之特權。故蒙族中無孤憤之男。少寡居之女。而獨於再醮之婦。不得在夫家改嫁。必還至母家而後可。家事極簡單。日出而作。男子出外牧畜。若遇天氣忽變。則女子赴牧場與男子同力驅逐。所謂內助。庶乎不愧。女子或治內饋。至於針線女紅。則間或爲之。而榨乳一事。反爲其專責。日入而息。不喜燃燈。聚眠包內。頗極天倫之樂。娛樂事以跑馬爲生活。無論男女老少幼童。皆能騎乘。且體力建壯。最耐勞苦。以之編爲國軍騎兵。善利用之。不亞俄之哥薩克。素好角力。有羅馬人之風。宴會食品爲炒米牛羊肉麥麪牛乳乳酒等。饗待貴客。以上整羊上食。謂之羊貝子。近達拉旗西公旗與漢族相染。請客多用漢之酒席矣。蒙人素以牧畜爲生。馬多產於牛頭朝那一帶。小而有力。走者居多。近年馬種不良。馬體愈趨愈小。不及從前之高超。其原因。一以地方不靖。不能專心牧養。二因財政困難。馬駒一二歲。即被商販購去。否則亦爲軍隊土匪擄奪而去。故馬政之衰敗。良由於是。牛多產於河套內。蒙人在於水草豐盛處牧之。惟時多瘟疫傳染。駱駝則產於河套之西部。鄂托克旗蒙人牧養最多。駝隻出產亦良。包頭與甘肅甯夏輸運。以此駱駝馱載。最爲適宜。羊有兩種。曰山羊。綿羊。漢蒙人均牧畜之。其毛曰套毛。專運銷於天津。漢蒙生計。多賴於此。蒙男喜獵。所得以狐爲多。狼次之。往往有逐一狡兎。而死一走馬。亦所不惜。足見富於毅力。終日得茹毛飲血之遺風。無宮室之觀念。故面目黧黑。不知沐浴。腰懷木椀。身繫刀箸。食畢以舌餂之。仍藏胸部。分別富貴。以衣面油垢多少爲準。油垢多者爲富。以終日食肉也。教育僅達拉旗稍知之。其他各旗。不知文化。然近年與漢人習染。多不受其專制。遂時有獨規之舉。獨規者譯言革命也。其死亡無統計之可言。戶口實數亦難稽核。以情形觀察。日見澌滅。約略計之。近五十年戶口已減少十分之五六。揆其原因。受喇嘛之流毒。婦女衛生不講。嬰兒時多夭折。數十年後。恐無孑遺。予身臨其境。不禁爲蒙族感嘆也。

河套與治河之關係

沌谷

余既周歷河套，覽其山川形勢，詢其民生利病，乃不禁喟然而嘆曰，嗚呼治河之關鍵，盡任是矣。原夫河源星宿，九曲而後入海，自青海至中衛，皆在山峽間，自中衛而東入河套，線繞回環，搖千餘里而至托城，沿岸坡陀漸起，南抵天橋，復行入峽，經龍門潼關又東折而至成皋，乃復出峽。河行山峽間，兩岸懸崖，急流如瀑，故無利亦無害。東出成皋，則平原莽莽，土性疏浮，河挾其澎湃汪洋之勢，縱橫冲決，遍乎青兗徐豫之郊，歷數千年而未有窮期，此則祇見河之害，而不見河之利矣。河套則地形低下如盆，西繞賀蘭，北距陰山，南錯榆塞諸山脉。察其山間汀線，隨地皆留有內海遺蹟。其地質則由粘土歟土兩分子凝合而成，遇暵則堅剛如石子，遇雨則疏落如鷄糞。必得泛濫之河水以浸之，乃涵濡沾潤，發榮滋倍，而其浸灌之期，又以六月伏水爲最，七月八月次之，（皆就夏歷言）至九月霜降，乃復放之使涸，經冬雪凝之，春陽暴之，則土膏盡發，畝皆數鐘，蓋河之利於河套也如此。古云黃河富寧夏，猶祇見其一斑而已，豈足以語河套數千萬方里之膏腴哉。惜夫向之辦墾者徒以壤奪民田爲事，而于北河之本流，則聽其斷絕，以致引水不暢，即已開之渠，亦半歸湮。塞行乎其野，但見頹垣敗屋，滉漾於青天白草之中，而轉借荒隴牛馬，以爲點綴風景之具，誰爲爲之而至于此，不亦重可慨也耶。

且夫黃河之爲中國患也，固已數千年於茲矣。歲糜無量數之金錢，漂失無量數之生命財產，迄今回溯往蹟，蓋猶有餘痛焉。今試約舉歷代河流變遷之迹，以比較其時較之長短，庶乎察往知來，得所借鑒焉耳。若夫小小潰決，未改故道者則不暇具列也。

年代	流路	歷時（以禹平水土告厥成功之年爲起點其後則以次遞推）
周定王	禹厮二渠自黎陽宿胥口始定王五年	一千六百六十餘年
五年	河徙壵宿胥口東行漯川又東北至長壽津始與漯川別行而東北合漳水至章武入海碣石之故道廢是爲河之初徙	
漢武帝元光三年	河决濮陽瓠子東南注鉅野通于淮泗梁楚之地被災尤甚是爲河之再徙而實黃河南行奪淮之始	二百七十三年
漢武帝	自宣房塞後河復北決館陶分爲屯氏河東北經魏郡清河入渤海	屯氏之分史不言其年代然爲期甚短
漢成帝永光五年	河決清河靈鳴犢口屯氏河復決其後遂由千乘入海	九十三年
王莽始建國三年	河決魏郡泛清河以東北瀆遂空	五十年

漢明帝永年　王景修渠築隄自滎陽東至千乘海口　五十七年
十三年　千餘里次年渠成
宋太宗太平　河大決滑洲泛澶濮曹濟東南流至彭　九百十七年
興國八年　城入于淮
宋眞宗咸平　河決鄆州浮鉅野入淮泗　十六年
三年
宋眞宗天禧　河決滑州歷澶濮曹鄆注梁山濼合清　十八年
三年　水古汴渠東入於淮
宋仁宗景祐　河決横隴遂爲大河經流京東之故道　十四年
元年　廢
宋仁宗慶歷　河決商胡合永濟渠注乾寧軍入海是　十一年
八年　爲北流而横隴之故道復廢
宋仁宗嘉祐　北流復決爲二渠自魏恩東至德滄入　十二年
五年　海是爲東流
宋神宗熙寧　河決澶州曹村澶淵北流斷絶河道南　十七年

十年	徙東會于梁山張澤濼分爲二渠一合南清河入淮一合北清河入海	
宋哲宗元符二年	河決內黃口東流斷絕	十二年
金世宗大定年	此事不見金史范成大北使錄滑州城南有積水若河蓋黃河剩水也朱子語錄元豐間河北徙自是中原多事後來金人亦多事近來又北流見歸正人說蓋是時河嘗南流尋復北流也	約六十年
金章宗明昌五年	河決陽武故隄灌封丘而東注梁山濼分爲二派北派由清河入海南派由南清河入海汲胙之河遂空	約四十年
元世祖至元九年	河決新鄉廣盈倉徙自原武出陽武南而新鄉之流遂絕	七十八年
元成宗大德	河決杞縣蒲口旋徙而北自陳留入蘭	十二年

元年	陽儀封	
元泰定帝元	河決開封由汴渠東入徐合淮泗入	二十九年
年	海	
元順帝至正	河決金隄北侵安山沿入會通運河	二十年
四年	延袤於濟南河間	
元順帝至正	河北徙東明曹濮濟寧皆被災	十四年
二十九年		
明太祖洪武	大河南決挾潁入淮蔡河之下流漸	
八年	絕	
明太祖洪武	河決原武之黑陽山東經開封城北又	十六年
二十四年	南行至項城經潁州壽州全入于淮而	
	故道遂淤	
明成祖永樂	河決開封經懷遠縣由渦河入淮	二十五年
十四年		
明英宗正統	河決沙灣入海尋決滎澤入淮	十一年

十二年

明英宗正統　河徙開封西北入汴至壽州入淮又決　一年

十三年　滎陽東過開封西南經陳留自亳入渦

口經蒙城至懷遠界入淮

明英宗天順　河自武陟徙原武而獲嘉之河流絕　十四年

五年

明孝宗弘治　河決汴城入淮復決黃陵岡入海　十八年

二年

明孝宗弘治　河決陽家金龍等口東注潰黃陵岡下　三年

五年　張秋隄入漕河與汶水合而北行

明孝宗弘治　河決張新東隄奪汶水入海次年劉　一年

六年　大夏築太行隄北流遂絕始以一淮受

全河之水

明孝宗弘治　河北徙三百里至宿遷縣小河口入漕　十二年

十八年　河

年代	事件	間隔
明武宗正德	河徙入泡河大水壞民居	三年
二年		
明武宗正德	河北徙一百二十里至沛縣飛雲橋	二年
四年	入漕河	
明武宗正德	河北徙儀封縣小宋集冲黃陵岡溢入	一年
五年	買魯河	
明世宗嘉靖	河自沛縣北徙金鄉魚台出穀亭口	二十年
九年		
明世宗嘉靖	河由趙波寨南向亳泗東出穀亭之流	四年
十三年	遂絕	
明世宗嘉靖	河決野雞岡由渦河入淮	六年
十九年		
明世宗嘉靖	河北徙新集淤而爲陸二百五十餘里	十八年
三十七年	視故道高三丈有奇	
明神宗萬歷	河由李景高口入睢陳故道	三十一年

十七年

明神宗萬曆　河決黃堌口經符離橋出宿遷新河口　八年

十五年　入大河半由徐州入舊河濟運而二洪

告涸

明神宗萬曆　河決蒙牆寺入歸德南與淮會入洪澤　五年

三十年

明神宗萬曆　河決米旺口漫溢三載至徙午溝始定　二年

三十二年

明神宗萬曆　河決牌沙堤由封邱曹單至考城復　十四年

四十六年　入舊黃河

明熹宗天啓　河決靈壁由永姬湖出白洋小河口仍　四年

元年　與黃會故道湮涸

明熹宗天啓　河決徐州龍口徐邳靈睢河並淤雙　二年

三年　溝河亦淤上下百五十里盡成平陸

明懷宗崇禎　河決汴城南入于渦　二十年

十六年

清世祖順治　河決封邱由長垣趨東昌懷安平隄　十年

九年　北入海、

清聖祖康熙、　河決武陟下大清河入海　七十年

六十年

清高祖乾隆　河決陽武東北下張新入海　三十年

十六年

清高祖乾隆　河決中牟奪過入淮　十年

二十六年

清高祖乾隆　河決儀封考城奪渦入淮　十九年

四十五年

清高祖乾隆　河決雎州南入過淮　七年

五十二年

清仁宗嘉慶　河決雎州全由亳州入洪澤湖　十一年

三年

清仁宗嘉慶　河決武陟注張秋東北入海　十一年
二十四年
清宣宗道光　河決祥符南岸下注鳳潁奪淮　二十二年
二十年
清宣宗道光　河決中牟南岸由鳳潁入淮　二年
二十三年
清文宗咸豐　河決銅瓦廂北奪大清河入海　十三年
六年
清德宗光緒　河決鄭州南入洪澤湖　三十五年
十七年

據右表觀之。河流遷徙。以宋明兩代爲最數。清次之。漢又次之。金元則南北橫流。得其中數。獨由東漢以及李唐河流順軌。幾及千年。直與三代之禹河爭等烈。以何因緣。而能致此。此歷史上最有價值之問題也。閻百詩謂其說有二。一程子曰。漢宋火德多水災。唐土德少水患。一宋敏求曰。唐河朔地。天寶後。久屬藩臣。縱有河事。不聞朝廷。是二說也。第一說屬于纖緯悠謬之談。今雖小學生猶知其非。抑亦無容置辯。第二說。以解河流之漫溢潰決。猶可言也。至於大河改道。千里爲墟。若河北道之魏博德棣。若河南道之汴宋淄青。皆當時人事最繁之地。記載之所流傳。詩人之所歌咏。考其社會情狀。雖千載後。蓋歷歷猶在目前也。豈有彌天巨變。乃至片楮無傳。而求其舊蹟。亦無可彷彿者。則第二說。亦不足徵信也。胡氏朏明。則謂王景治河鑿山截澗。十里立一閘門。令更相洄注。無復潰漏之患。故河垂千載而後變。景之功實不可誣。顧考景之所爲。猶是分汰壘墉之法。後世潘季馴靳輔諸人所常用者耳。縱有功效。遠及魏晉足矣。更何能遠及唐代。是則歸功王景尤屬膚淺之見也。然究以何因緣。而能致此。張相文曰。吾乃今觀于河套而得之矣。則試與言河套地理之沿革。

三代以前。吾不得而知之。漢族之佔領河套。蓋自戰國時始。史記趙武靈王二十六年。復攻中山。攘地北至燕代。西至雲中九原。二十七年西北略地。欲從雲中九原。直南襲秦。其後趙衰。匈奴益强。遂入居河南。秦始皇三十三年。使蒙恬斥逐匈奴。收河南地。以爲四十四縣。又渡河據陰山。逶迤而北。謂其地爲新秦中徙民以實之。楚漢之際。匈奴復熾。乘間南渡河。冀復收蒙恬所得地。大爲邊患。漢武元朔二年。斥逐匈奴。遣衛青等渡西河。歷高闕收河南地。主父偃言河南地肥饒。外阻河。蒙恬城之。以逐匈奴。內省轉輸。廣中國戍漕。備邊之本也。乃築朔方地。立朔方郡。繕故蒙恬所爲塞。因河爲固。且自宜房塞後。用事者爭言水利。朔方西河。皆引河溉田各數萬頃。官吏卒伍六萬餘。稍蠶食地接匈奴以北。後五單于爭立。呼韓邪欵塞請朝。留居五原塞下。東漢永平中。置度遼將軍。屯營曼栢。以防南北匈奴。已而北匈奴益衰耗。南單于上言求復障塞。乃增置緣邊諸郡兵。列屯塞下。順帝永建初。隴西羌亂。西河上郡朔方皆殘破。四年虞詡上疏。謂三郡沃野千里。水草豐美。土宜產牧。宜復城邑。事耕屯。從之。于是激河濬渠爲屯田。省內郡費一億計。自魏晉以降。中原多故。其地遂淪于異域。未幾拓跋魏起盛樂。兼有西河。薄骨律鎮將刁雍上表。請開富平西三十里艾山舊渠。通河水。溉公私田四萬餘頃。人大獲其利。迨隋唐遞興。聲教遠訖。築城置縣。儼同內地。隋開皇間。逐于河南置豐勝二州。唐景龍二年張仁愿復於河北岸築三受降城。以拂雲堆爲中城。與東西二城。相去各四百里。於牛頭牟那山北置烽堠一千八百所。開元二年。移安北都護府於中城。置屯田。元和六年。韓重華爲振武營田和糴水陸運使。重華乃募人爲十五屯。屯置百三十人。而種百頃。東振武。轉而西過雲中界。極於中受降城。出入河山之際。六百餘里。屯堡相望。人得肆耕其中。歲省度支錢千三百萬。及唐之衰也。長興中。朔方帥張希崇。復引河渠。興屯田。以省漕運。民夷愛之。惟自拓跋思恭據有夏州。延及宋世。倔強益甚。傳祚至三百餘年。始爲蒙古所併。金元交爭。未遑他務。明初李文忠定大同。西略豐州。遂城勝州。以統套內之地。使軍士耕牧其中。亦寖寖乎復漢唐之舊矣。乃永樂初。遽從廢棄移治延綏。天順六年。元裔毛里孩阿羅出孛羅出等。乃乘虛入而踞之。浸及有清。遂爲伊克昭七旗。合以烏拉特四旗。土默特一旗。阿拉善東部。則盡乎古大河南北沿岸諸境。而歷代分屯置戍。得失盛衰之迹。亦略具於此矣。

觀於此而歷代河流遷徙之故。乃可借精確之學理。隨事以解明之。三代之世。草昧初開。北徼荒寒。人蹤尤寡。蹤錯所謂胡貉之地。積陰之處。木皮三寸。冰厚六尺者是也。遙想其時。平川則草長連天。山間則森林蔽野。防沙翕水。自成天然之功用。是故禹河之歷千餘載而不變者。固時勢使然。非必禹之果有神術也。戰國時。秦趙紛爭。始皇卒併其地。命曰新秦中。直以國名名之。此其拓土殖民。宛與近世西人所謂新英倫新西蘭者後先同揆。而秦人珍重愛護。沾沾自喜之心。亦可想見矣。惜乎蒙恬逐匈奴。當始皇三十三年。越三十九年始皇崩。劉項兵起。天下大亂。匈奴復起而奪之。蓋秦之有河套。始終不過五六年。故其開始經營者。僅及今寧夏一隅。未能遍於全土也。漢初則適值冒頓鴟張。寇邊無虛歲。繼以武帝雄才。衛霍諸將帥之武勇。僅乃攘而却之。然疆場之役。一彼一此。未能得堅決者也。兵戈擾攘。烽火直達甘泉。故其時移民實邊。未遂大效。而以連年用兵之故。反將洪荒以來。所叢殖之古木森林。蹂躪摧燒。使山谿之間。同歸濯濯。於是天然之功用消滅。而西漢河患。遂與匈奴兵爭。顯呈一連帶之關係矣。

武帝以後。胡漢之勝負以決。而河套之墾闢。乃漸入順境。直亘乎東漢之末。亭障無驚。魏晉以還。漢族之勢力微矣。顧其時戎馬倉皇。皆在中原以內。而邊疆甌脫。反爲世外之桃源。是以常程文學。延薪火于河西。王謝高門。盛衣冠於江右。以河套之僻在偏方。其殘破宜未若中原之甚也。且自拓跋氏興於盛樂。考其遺墟。即在今大黑河畔。迨太武滅夏。因置夏州東夏州。凡領郡八。縣十有八。中葉以後。乃置沃野統萬懷朔諸鎮。太和初平三齊。復徙歷下之民居渾懷。是其富庶殷阗。景象且遠過於秦漢矣。歷周迄隋。建設未廢。及唐滅突厥。而張仁愿張說張希崇韓重華等。設屯募墾。直遠承乎漢魏周隋。歷千百年而日益發展。則其所以濬畎澮而彌外患者。固自有在。而豈必王景之功爲足多歟。知乎此而當時河患之所由少。可思過半矣。

至宋世而胡漢之形勢乃大變矣。自唐之末。河套之地。已爲西夏所據。夏有河內外州郡二十二。唯興州靈州。有漢源唐源二古渠支引黃河。有灌漑之利。若河東河北。則分屬於遼。遼太祖伐土谷渾。平黨項。還攻豐州天德。盡俘其吏民以東。其後唯於金肅河清。各置防秋軍一千。蓋夏與遼固夾河爲界矣。遼亡。夏與金又爲八館之爭。搶攘紛紜。幾無寧宇。漢唐屯墾之遺規。至此殆已盡歸湮沒。及元太祖駐軍靑塚。乃由東勝渡河。收西夏。夏亡而元人享國日淺。雖以郭守敬深明水理。亦第於寧夏唐渠。稍事修復。寧夏以東。未暇過問也。明人則舉延綏以北。盡委之蒙古。萬歷中遊擊金城。自寧夏乘河泛漲。順流而東。月餘至老牛灣。中外相慶。炫爲奇功。蓋自宋迄明。凡六七百年。向日列戍分屯之所。已盡化爲氈裘遊牧之場矣。此宋明河患。所以日亟也。

滿淸入主中夏。河套內外。悉隸板圖。蒙漢之兵爭以泯。顧其於蒙漢疆界。則一仍明代之舊。又設爲私墾之禁。以防遏蒙漢之交通。故套地之荒落如故也。既乎承平既久。內地之戶口日益繁滋。去瘠就豐。乃人類自然之趨勢。固非法令所能爲力也。聞之故老。自康熙西征。設驛於殺虎口。由歸化城。西抵包鎭。北出狼山。固所以便軍旅也。而秦晉貧民。即相與負耒牽車。竊循驛程以俱進。耰鋤所及。先使土默特與之同化。乾隆年間。遂越包鎭。西侵入後套。芟榛莽驅狐兎。築室耕田。儼然爲漢家恢復其舊領土焉。此眞吾民之特別優點也。惟疆理區畫初無人爲預爲之程。故其溝塍縱橫。皆支離破碎不成片段。其操業亦皆半耕半牧半商半旅。若合伏犧神農同處於一時代者。然大河南北固已漸進于耕田鑿井之世矣。此又淸代河患少于宋明亞于西漢之原因也。

要而論之。河套者胡漢間之一大結穴也。胡人得之。則沃壤良田。棄爲獸食而已。更得資其野性。西犯則突隴右。南犯則掠汾闓。蹴踏燹略。使潢污行潦之水。皆將助河爲虐。漢人得之。則不能不有事於戍守。既有事於戍守。即不能不有事於耕屯。何則。套地孤懸塞北。距長安洛陽。皆在千里以外。芻粟轉輸。既阻於壺口龍門之絕險。河之兩岸。又皆重山疊巘。飛輓皆窮。其必倂力耕耘。以給軍食。爲戰守之資者。固軍事上當然之計畫也。且以河套地質之殊。耕作既興。其必廣鑿溝渠。以資澆灌者。又相因而及之勢也。今考漢唐間屯戍之蹟。西起寧夏。東達托城。濱河南北。各數千里。溝澮交通。支脈旁達。其容水面積。直無異洞庭彭蠡。爲長江中游之停蓄所。彼其時固未嘗爲治河計也。然河流之泛漲。自此乃得所容納矣。天下事。往往有致力於此。而收效於彼者。觀於唐漢間河患之少也猶信。

耗矣哀哉。吾國人之治河也。水之漲也。莫究其所由來。河之徙也。莫考其所由致。朝野汲汲。顧景不追。即號爲治河能臣間世一見。亦僅知壅土築堤。以冀朝夕之不敗。倖而節屆霜降。普慶安瀾。則將軍大王之祭賽。其靈爽乃覺如響斯應。庸詎知彼所謂伏秋大汛者。下游數省。畏水如虎之時。正河套農民。惜水如金之時也哉。蓋嘗譬之人身，中衛以上。其咽喉也。成臯以東。其尾閭也。河套之間。則其腸胃也。人有病泄瀉者。固當以清理腸胃爲先。乃不此之察。而惟尾閭之是塞。是之醫爲何醫歟。亦何怪徒耗醫錢。而病之相循。且不知其所底也。

語不云乎。前事不忘。後事之師也。古之時胡漢角立。此疆彼界。畛域攸分。雖有遠識。豈能越國爲謀。今則五族共和矣。利害所關。蒙漢共之。則所爲懲既往而毖將來。規全局以定大計者。其事顧不在於今日耶。蓋嘗統河套之大勢觀之。前清二百年間公私所墾。多在後套。即漢時所謂兩河間也。顧當時規畫。既未周詳。而所開渠道。又復淺而多淤。灌紆不廣。此則急宜改作者也。至於南河之南。今則謂之河西。其地三面環河。南亘沙梁。相其地層。紋理宛然。蓋皆由河水冲積而成者。可知其生殖之力。不亞後套矣。唯比之後套。地勢少高。河水之泛溢。不能及之。故雖有漢民墾種。不逮十之五六。今如出西河上流。磴口以下諸處。循其天然之形。就沙梁以北廣開橫渠一道

○使與南北兩河○相並而東○至托城之西○與古沙陵湖相匯○復由横渠北岸○多鑿支渠○隨鑿隨墾○資其租入○以贍工作○河渠之上○則多植榆柳以固之○如是而南河之南○沙梁之北○凡鄂託杭錦達拉特準葛爾諸旗地○悉可變爲腴田○此利在河套者也○黃河巨浸○既已得所消容○龍門以下○但餘汾渭沁洛諸水○雖遇暴漲○亦斷不致潰決爲災○則青兗徐豫之間○即可永息水患○此利在下游者也○且自西河以抵托城○其直徑不及千里○約計鑿渠所耗○不及千萬○此則豫東兩省數年防河之費耳○然河渠既闢○乃爲上流闢無盡藏之利源○以視堵塞下流○徒爲無底之漏巵者○其得失相去爲何如耶○

顧或者疑之○謂河水重濁○理無不淤○淤積既高○水無所容○仍必東漲○此又無慮也○河既入塞○即有天橋以扼其衝○巨石横空○河出其下○闊僅一丈二尺有奇○春日冰解○洪濤洶湧○挾大塊以相冲激○聲聞極數十里外○蓋河中之天然一速鎖也○苟於此間鎔鐵爲閘○利用機關以司啓閉○則下游之水量○即可酌劑盈虛○隨人意以爲高下○然此固非今日所急需矣○余審視淤痕所積○每年不過一分○加以雨力之淋洗○風力之運搬○雖極之千年○增高亦不過數尺○觀於寧夏諸渠○近者開自李唐○遠者開自秦漢○灌注疏通○于今未艾○固不聞其以積高爲患也○以故天橋置閘○猶必待之千百年後○彼其時人智既進○自有能者爲之○今日之計○但于河套以內○廣開渠道○以資分洩○而利田疇焉○斯則大功已告成矣○昔劉繼莊先生有言○有聖人起○經理天下○必自西北水利始○余則謂經理西北水利○尤必自河套始○故特綜其始末○以俟開物成務之聖人擇焉○

後記

我是從數學史學習中逐步瞭解治黄史的。漢代《許商算術》的作者許商，好天文術數之事的王景、李尋善，他們既是數學家，又以治理黄河而聞名。我國現存最早的河工著作《河防通議》，將中國古典數學天元術運用到治黄工程中，創造了中國古代工程數學的一個高峰。除了數學史之外，内蒙古師範大學科學技術史研究還以少數民族科技史和地方科技史見長。李迪先生曾指出地方科技史研究的重要内容是人與自然環境變遷、科技遺迹與自然環境以及環境與生産的關係，此類研究具有明顯的現實意義和重要價值。想要通過大科學史研究，弄清變遷的原因和未來的發展趨勢，産出對于地方各方面的開發有更大、更直接價值的成果，這類研究大多離不開文獻。之後，李迪先生更是直接指出科技史研究不僅是對過去的科技工作和科技成果的回顧與總結，而且要着眼于現代，讓古人的發明創造爲今人服務，繼續在現代發揮其應有的作用。我將先生大科學史的治學理念視爲座右銘，在科研工作中更加注重讓科研成果服務于國家戰略與區域發展需求。

二〇一九年九月，習近平總書記在黄河流域生態保護和高質量發展座談會上指出，黄河流域在我國經濟社會發展和生態安全方面具有十分重要的地位。黄河流域生態保護和高質量發展是重大國家戰略。同年十月，黨的十九届四中全會提出『加强邊疆治理，推進興邊富民』，首次把邊疆治理寫入黨的文件。内蒙古師範大學組織科研力量，積極申報研究闡釋黨的十九届四中全會精神的國家社科基金重大項目，其中『中國特色社會主義民族區域自治制度自信研究』項目獲批。我承擔其中的『鑄牢中華民族共同體意識下的民族自治地方文化自信研究』子課題，而黄河是首選文化要素。二〇二四年，該項目順利結項，我也對黄河文化所藴含的時代價值有了更深的體會。

有鑒于此，我帶領文化遺産智能應用服務中華民族共同體建設『英才興蒙』團隊，以黄河爲主題，開展了文獻、文物、傳統工藝等多模態資源庫建設和跨模態應用示範工作。這次與内蒙古人民出版社合作出版的《黄河國家治理文獻集成》，旨在梳理和總結文獻中所藴含的歷史經驗和文化信息，爲當代及未來的黄河治理和地方文旅産業發展提供參考與借鑒。

感謝内蒙古民族文化産業研究院、巴彦淖爾市圖書館等单位的傾力相助，感謝内蒙古自治區黨委宣傳部、内蒙古出版集團、内蒙古人民出版社對本項目的支持與幫助。

在此，也向致力于黄河治理和大河安瀾的歷代先賢與當代典範表達崇高的敬意：你們的不懈努力與無私奉獻，爲黄河的安寧與人民的福祉築起了堅實的防綫；你們的智慧與勇氣，將永遠銘刻在中華民族的歷史豐碑上，激勵後人不斷前行。

董杰

二〇二五年一月